"做学教一体化"课程改革系列教材

亚龙智能装备集团股份有限公司校企合作项目成果系列教材

江苏省"十四五"首批职业教育规划教材

"十三五"江苏省高等学校重点教材（编号：2018-2-070）

自动化生产线安装与调试

（西门子S7-200 SMART系列）

主　编　李志梅　　张同苏

副主编　魏本建　　苏绍兴　　董玲娇

参　编　郑巨上　　赵振鲁　　周　斌　　程向娇

主　审　程　周

U0258133

机械工业出版社

CHINA MACHINE PRESS

本书面向全国职业院校技能大赛，以历届"自动化生产线安装与调试"赛项所指定的竞赛设备为载体，按照项目引领、任务驱动的体例编写，将自动化生产线安装与调试相关的知识点和实操技能点分解到不同项目中，遵循由浅入深、循序渐进的学习规律。

本书主要内容包括自动化生产线核心技术应用、自动化生产线各工作单元的安装与调试、人机界面组态与调试，以及整机系统的安装与调试等。本书结构紧凑、图文并茂、层次分明、配套资源丰富，具有很强的实用性。

本书适合作为高职高专机电类专业相关课程的实训教材，也可作为应用型本科、职业技能大赛的相关培训教材，还可作为相关工程技术人员研究自动化生产线的参考书。

图书在版编目（CIP）数据

自动化生产线安装与调试：西门子S7-200 SMART系列/李志梅，张同苏主编. —北京：机械工业出版社，2019.8（2025.1 重印）
"做学教一体化"课程改革系列教材
ISBN 978-7-111-63668-7

Ⅰ.①自…　Ⅱ.①李…②张…　Ⅲ.①自动生产线-安装-高等职业教育-教材②自动生产线-调试方法-高等职业教育-教材　Ⅳ.①TP278

中国版本图书馆 CIP 数据核字（2019）第 203184 号

机械工业出版社（北京市百万庄大街22号　邮政编码100037）
策划编辑：赵红梅　责任编辑：赵红梅　苑文环
责任校对：王　欣　封面设计：张　静
责任印制：常天培
北京机工印刷厂有限公司印刷
2025 年 1 月第 1 版第 12 次印刷
184mm×260mm·15.5 印张·342 千字
标准书号：ISBN 978-7-111-63668-7
定价：45.00 元

电话服务　　　　　　　　　网络服务
客服电话：010-88361066　　机　工　官　网：www.cmpbook.com
　　　　　010-88379833　　机　工　官　博：weibo.com/cmp1952
　　　　　010-68326294　　金　书　网：www.golden-book.com
封底无防伪标均为盗版　　机工教育服务网：www.cmpedu.com

随着中国制造 2025 强国战略的实施，智能制造、自动化生产已成为助力产业升级的核心。培养掌握自动化生产线技术，能从事自动化设备的安装、编程、调试、维修、运行和管理等方面的一线高技能人才，已成为当前高等职业院校机电类专业教育的主要任务。为提高人才培养质量，教育部自 2008 年开始，在全国职业院校技能大赛中引入"自动化生产线安装与调试"赛项，很多高职高专院校也逐步将"自动化生产线安装与调试"课程纳入教学，且发展日趋成熟。

作为课程教学载体、赛项平台设备——YL-335B 型自动化生产线涵盖了机械、气动、传感器、PLC、工业网络、电动机驱动等专业核心知识，能够对接装备制造业转型升级对岗位技能提升的要求。该设备所采用的主流控制系统，有三菱、西门子之分。随着产品的更新换代，西门子 S7-200 PLC 面临停产，将会被 S7-200 SMART PLC 所替代，作为教学载体的自动化生产线设备也须随之升级。基于新的升级版 YL-335B 自动化生产线，本书编写时坚持专业知识与实操技能并重，以各工作站以及整机训练项目为载体，内容包括机械安装、气动调试、PLC 控制、人机界面组态、运动控制、网络通信等，主要特点概括如下：

（1）纳入最新内容，力求紧跟行业技术发展。主要体现在：①设备控制器从西门子 S7-200 PLC 全部升级为西门子 S7-200 SMART PLC，触摸屏从 TPC7062K 升级为 TPC7062Ti。②整机系统通信由原来的 PPI 升级为工业以太网。③变频器从西门子 MM420 升级为带 USS 现场总线的 G120C，新增模拟量输入/输出模块 SMART EM AM06。④针对 2017 全国职业院校技能大赛出现的装配单元Ⅱ，本书引入其 2018 升级版，采用"步进电动机+减速机"驱动。

（2）遵循学生认知规律，知识介绍由浅入深。本书按照项目引领、任务驱动的模式编写，将实施自动化生产线安装与调试相关的专业知识点和实操技能点分解到不同项目中，遵循由浅入深、循序渐进的教学规律，符合学生对专业知识和实操技能的渐进式科学认知过程。

（3）体现"课程思政"，书中加入英文科技文献阅读，让学生增长知识和见识，增强综合素质。

（4）建设立体化配套资源，随扫随学随练。配套丰富的立体化教学资源，包括电子课件、原理动画、实录视频、微课案例、习题资源、单机及联网程序以及组态工程等。书中嵌入二维码，可通过移动终端随扫随学随练，以适应"互联网+"时代背景下碎片化移动学习、混合学习、翻转课堂等教与学的需要。

　　本书由沙洲职业工学院李志梅、亚龙智能装备集团股份有限公司原电气总工程师张同苏主编，沙洲职业工学院魏本建、温州职业技术学院苏绍兴和董玲娇任副主编，亚龙智能装备集团股份有限公司郑巨上和赵振鲁、常州机电职业技术学院周斌、温州职业技术学院程向娇参与编写。本书在编写的过程中得到了亚龙智能装备集团股份有限公司的大力支持。安徽职业技术学院程周教授，以高度负责的态度，主审全部书稿，并提出了宝贵意见，在此一并表示衷心感谢。

　　限于编者经验和水平，书中难免存在疏漏和不妥之处，敬请广大读者批评指正。

编　者

目 录

项目一

认识与了解自动化生产线系统与技术

项目目标

1. 认知自动化生产线，了解其功能特点以及发展概况。
2. 认知 YL-335B 型自动化生产线的基本功能、各组成单元以及系统构成特点。
3. 熟悉 S7-200 SMART PLC 基本编程及调试步骤。

项目描述

自动化生产线是一种典型的机电一体化装置，涉及机械技术、气动技术、传感检测技术、控制（PLC）技术、网络通信技术等。YL-335B 型自动化生产线实训考核装备模拟了一个与实际自动化生产线十分接近的控制过程。通过本项目的学习，使学生能够初步认识和了解自动化生产线系统所涉及的多种技术知识，以及 YL-335B 型自动化生产线的控制过程。

准备知识

一、自动化生产线的概念

自动化生产线是产品生产过程所经过的路线，即从原料进入生产现场开始，经过加工、运送、装配、检验等一系列生产活动所构成的路线。自动化生产线是由自动执行装置（包括各种执行器件及机构，如电动机、电磁铁、电磁阀、气动液压缸等）经各种检测装置（包括各种检测器件、传感器、仪表等）检测各装置的工作进程、工作状态，经逻辑、数理运算及判断，按生产工艺要求的程序自动进行生产作业的流水线。图 1-1 给出了一些自动化生产线的例子。

由于生产的产品不同，各种类型的自动化生产线大小不一、结构多样、功能各异，但基本都可分为五个部分：机械本体部分、传感器检测部分、控制部分、执行机构部分和动力源部分。

a) 饮料瓶自动压盖生产线

b) 小型机器人组装线

c) 汽车零部件生产线

d) 汽车小冰箱组装线

图 1-1　自动化生产线实例

　　从功能上看，无论何种类型的自动化生产线都应具备最基本的四大功能，即运转功能、控制功能、检测功能和驱动功能。运转功能在生产线中依靠动力源来提供。控制功能是由微型机、单片机、可编程控制器或其他一些电子装置来完成。检测功能主要由各种类型的传感器来实现。在实际工作过程中，通过传感器收集生产线上的各种信息，如位置、温度、压力、流量等，传感器把这些信息转换成相应的电信号传递给控制装置，控制装置对这些电信号进行存储、传输、运算、变换等，然后通过相应的接口电路向执行机构发出命令，执行机构（如电动机、液压/气压缸等）再驱动机械装置完成所要求的动作。

二、自动化生产线的发展概况

　　自动化生产线所涉及的技术领域较为广泛，主要包括机械技术、控制（PLC）技术、气动技术、传感检测技术、驱动技术、网络通信技术、人机接口技术等，如图 1-2 所示。它的发展、完善是与各种相关技术的进步以及相互渗透紧密相连的。各种技术的不断更新也推动了它的迅速发展。

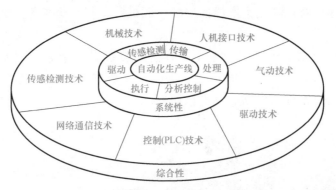

图 1-2 自动化生产线涉及的技术领域

可编程控制器（PLC）是一种数字运算操作的电子系统，是专为工业环境下的应用而设计的控制器。它是在电气控制技术和计算机技术的基础上开发出来的，并逐渐发展成以微处理器为核心，将自动化技术、计算机技术、通信技术融为一体的新型工业控制装置，被广泛应用于自动化生产中的控制系统之中。

由于微型计算机的出现，机器人内装的控制器被计算机代替而产生了工业机器人，以工业机械手最为普遍。各具特色的机器人和机械手在自动化生产中被广泛应用于装卸工件、定位夹紧、工件传输等。现在正在研制的新一代智能机器人不仅具有运动操作技能，而且还有视觉、听觉、触觉等感觉的辨别能力，有的还具有判断、决策能力。这种机器人的研制成功，将自动化生产带入一个全新的领域。

液压和气动技术，特别是气动技术，由于使用的是取之不尽的空气作为介质，具有传动反应快、动作迅速、气动元件制作容易、成本小、便于集中供应和长距离输送等优点，而引起人们的普遍重视。气动技术已经发展成为一个独立的技术领域。在各行业，特别是自动化生产线中得到迅速的发展和广泛的使用。

此外，传感检测技术随着材料科学的发展和固体效应的不断出现，形成了一个新型的科学技术领域。在应用上出现了带微处理器的"智能传感器"，它在自动化生产中作为前端的感知工具，起着极其重要的作用。

进入 21 世纪，自动化功能在计算机技术、网络通信技术和人工智能技术的推动下不断发展，从而能够生产出更加智能的控制设备，使工业生产过程有一定的自适应能力。所有这些支持自动化生产的相关技术的进一步发展，使得自动化生产功能更加齐全、完善、先进，从而能完成技术性更复杂的操作和生产，或装配工艺更复杂的产品。

任务一 认识 YL-335B 型自动化生产线

由于现代生产企业的产品类型不同，所需要的自动化生产线的功能也不尽相同，但就自动化生产线本身的核心技术和功能实现方式而言，几乎都是相同的。因此，为了方便学习与训练，很多公司围绕自动化生产线的技术特点开发出各种不同的自动化生产线实训教学装置。本教材以亚龙智能装备集团股份有限公司的 YL-335B 型自动化生产线实训考核装置为载体，对自动化生产线的安装、调试、运行、维护等应用技术循序渐进地进行介绍。

YL-335B 型自动化生产线实训考核装置由安装在铝合金导轨式实训台上的供料单元、装配单元、加工单元、输送单元和分拣单元 5 个单元组成，其外观如图 1-3 所示。其中，各工作单元位置可以根据需要进行调整。

图 1-3　YL-335B 型自动化生产线实训考核装置外观

"全线联机"视频

一、YL-335B 型自动化生产线的基本功能

YL-335B 型自动化生产线采用每一工作单元由一台 PLC 控制，各 PLC 之间通过工业以太网实现互联的分布式控制方式，典型的工作过程如图 1-4 所示。

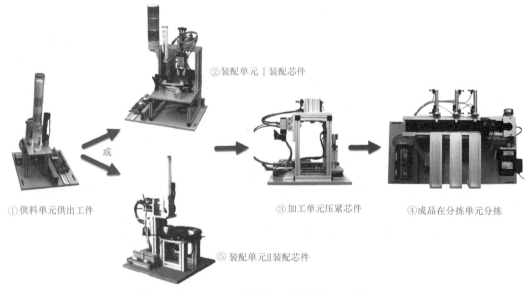

图 1-4　YL-335B 型自动化生产线的典型工作过程

1）供料单元按照需要将放置在料仓中的工件（原料）推到出料台上，输送单元的机械手抓取推出的工件，输送到装配单元的装配台上。

2）装配单元将其料仓内的金属、黑色或白色小圆柱芯件嵌入到装配台上的待装配工件中。装配完成后，输送单元的机械手抓取已装配工件，输送到加工单元的加工台上（装配单元Ⅱ为替换产品，将在项目五中详细介绍）。

3）加工单元对加工台上的工件进行压紧加工。工作过程为：夹紧工件，使加工台移动到冲压机构正下方完成冲压加工，然后加工台返回初始位置，松开工件，输送单元的机械手抓取后输送到分拣单元的进料口。

4）分拣单元的变频器驱动传送带电动机运转，使工件在传送带上传送，在检测区获得工件的属性（颜色、材质等），进入分拣区后，完成不同属性的工件从不同料槽分流的任务。

5）在上述工艺流程中，工件在各工作单元的转移都依靠输送单元实现。输送单元通过伺服装置驱动抓取机械手在直线导轨上运动，定位到指定单元的物料台处，并在该物料台上抓取工件，把抓取到的工件输送到下一指定地点放下，以实现传送工件的功能。

从生产线的控制过程来看，供料、装配和加工单元都属于对气动执行元件的逻辑控制；分拣单元则包括变频器驱动、运用 PLC 内置高速计数器检测工件位移的运动控制，以及通过传感器检测工件属性，实现分拣算法的逻辑控制；输送单元则着重于伺服系统快速、精确定位的运动控制。系统各工作单元 PLC 之间的信息交换，通过工业以太网实现，而系统运行的主令信号、各单元工作状态的监控，则由连接到系统主站的嵌入式人机界面实现。

由此可见，YL-335B 型自动化生产线充分体现了综合性和系统性两大特点，涵盖了机电类专业所要求掌握的基本知识点和技能点。利用 YL-335B 型自动化生产线，可以模拟一个与实际生产情况十分接近的控制过程，使学生得到一个非常接近于实际的教学设备环境，从而缩短了理论教学与实际应用之间的距离。

二、YL-335B 型自动化生产线设备的控制结构

1. YL-335B 型自动化生产线的供电电源

YL-335B 型自动化生产线要求外部供电电源为三相五线制 AC 380V/220V，图 1-5 为供电电源的一次回路原理图。图中，总电源开关选用 DZ47 LE-32/C32 型三相四线制剩余电流断路器（3P+N 结构形式）。系统各主要负载通过断路器单独供电：其中，变频器电源通过 DZ47 C16/3P 三相断路器供电；伺服装置和各工作单元 PLC 均采用 DZ47 C5/2P 单相断路器供电。此外，系统配置 4 台 DC 24V、6A 开关稳压电源，分别用作供料单元、加工单元、装配单元、分拣单元以及输送单元的直流电源。YL-335B 型自动化生产线供电电源的所有开关设备都安装在配电箱内，如图 1-6 所示。

2. YL-335B 型自动化生产线的结构特点

（1）从结构上看，机械装置部分和电气控制部分相对分离

YL-335B 型自动化生产线各工作单元在实训台上的分布俯视图如图 1-7 所示。从整体看，YL-335B 型自动化生产线的机械装置部分和电气控制部分是相对分离的。每一工作单元机械装置整体安装在底板上，而控制工作单元生产过程的 PLC 装置、按钮/指示

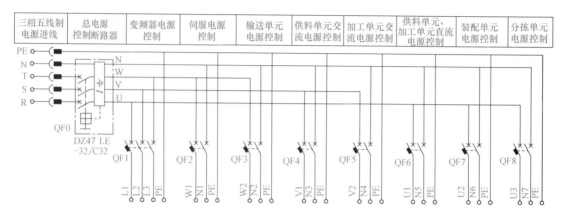

注：图中，QF1:DZ47 C16/3P；QF2~QF8: DZ47 C5/2P

图 1-5　供电电源模块一次回路原理图

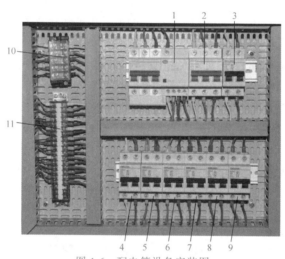

图 1-6　配电箱设备安装图

1—总电源控制断路器　2—变频器电源控制　3—伺服电源控制　4—输送单元电源控制　5—供料单元交流电源控制
6—加工单元交流电源控制　7—供料单元、加工单元直流电源控制　8—装配单元电源控制　9—分拣单元电源控制
10—三相电源进线端子　11—工作单元电源端子

灯模块则安装在工作台两侧的抽屉板上。

工作单元机械装置与 PLC 装置之间的信息交换方法是：机械装置上的各电磁阀和传感器的引线均连接到装置侧接线端口上，装置侧接线端口如图 1-8 所示。PLC 的 I/O 引出线则连接到 PLC 侧接线端口上，PLC 侧接线端口如图 1-9 所示。两个接线端口之间通过两根多芯信号电缆互连，其中 25 针接头电缆连接 PLC 的输入信号，15 针接头电缆连接 PLC 的输出信号。

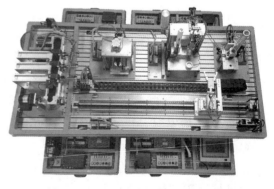

图 1-7　YL-335B 各工作单元俯视图

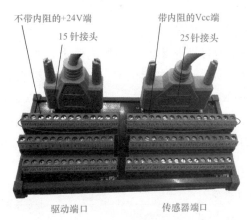

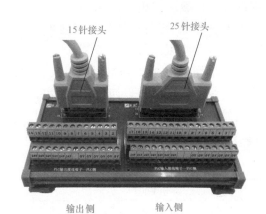

图 1-8　装置侧接线端口　　　　　　　　图 1-9　PLC 侧接线端口

装置侧接线端口的接线端子采用三层端子结构，分为左右两部分：传感器端口（输入信号端）和驱动端口（输出信号端）。无论是传感器端口，还是驱动端口，其上层端子用以连接 DC 24V 电源的+24V 端，底层端子用以连接 DC 24V 电源的 0V 端，中间层端子用以连接各信号线。为了防止在实训过程中误将传感器信号线接到+24V 端而损坏传感器，传感器端口各上层端子均在接线端口内部用 510Ω 限流电阻连接到+24V 电源端。也就是说，传感器端口各上层端子即 Vcc 端提供给传感器的电源是有内阻的非稳压电源，在进行电气接线时必须注意。

PLC 侧接线端口的接线端子采用两层端子结构，上层端子用以连接各信号线，其端子号与装置侧接线端口的接线端子相对应。底层端子用以连接 DC 24V 电源的+24V 端和0V 端。

（2）每一工作单元都可自成一个独立的系统

YL-335B 型自动化生产线每一工作单元的工作过程都由一台 PLC 控制，从而可自成一个独立的系统。独立工作时，其运行的主令信号以及运行过程中的状态显示信号均来源于该工作单元按钮/指示灯模块，模块外观如图 1-10 所示。模块上指示灯和按钮的引出线全部连到接线端子排上。

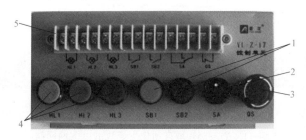

图 1-10　按钮指示灯模块

1—自复位按钮 SB1、SB2　2—选择开关 SA　3—急停开关 QS　4—指示灯 HL1、HL2、HL3　5—接线端子

工作单元可独立运行，也可以联网运行，利于实施从简单到复杂、逐步深化、循序渐进的教学过程。可以根据各工作单元所涵盖的不同知识、技能点，有针对性地选择实

训内容进行教学实施。

3. YL-335B 型自动化生产线中的可编程控制器

大多数主流品牌的小型 PLC 都能满足 YL-335B 型自动化生产线的控制要求。根据目前国内小型 PLC 的市场格局，以及各院校 PLC 教学所采用的主流机型，YL-335B 型自动化生产线的标准配置以西门子 S7-200 系列和三菱 FX 系列 PLC 为主。随着西门子 S7-200 系列的停产，S7-200 SMART 将成为其替代产品，本书仅介绍采用 SMART 系列 PLC 的 YL-335B 型自动化生产线，其各工作单元 PLC 的配置见表 1-1。

表 1-1　YL-335B 型自动化生产线各工作单元 PLC 的配置

工作单元	基本单元	扩展设备
供料单元	CPU SR40 AC/DC/RLY	
加工单元	CPU SR40 AC/DC/RLY	
装配单元	CPU SR40 AC/DC/RLY	
装配单元 II	CPU ST40 DC/DC/DC	
分拣单元	CPU SR40 AC/DC/RLY	SMART EM AM06
输送单元	CPU ST40 DC/DC/DC	

4. YL-335B 型自动化生产线的网络结构

PLC 的现代应用已从独立单机控制向数台连接的网络发展，也就是把 PLC 和计算机以及其他智能装置通过传输介质连接起来，以实现迅速、准确、及时的数据通信，从而构成功能强大、性能更好的自动控制系统。

学习安装和调试 PLC 通信网络的基本技能，为进一步掌握组建更为复杂的、功能更为强大的 PLC 工业网络（如各种现场总线）等通信网络打下基础，是自动化生产线安装与调试综合实训的一项重要的内容。

YL-335B 型自动化生产线各工作单元在联机运行时通过网络互连构成一个分布式的控制系统。对于采用 SMART 系列 PLC 的 YL-335B 型自动化生产线，其标准配置采用了工业以太网，如图 1-11 所示。有关工业以太网将在项目九中进一步介绍。

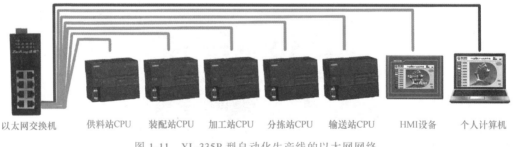

以太网交换机　供料站CPU　装配站CPU　加工站CPU　分拣站CPU　输送站CPU　HMI设备　个人计算机

图 1-11　YL-335B 型自动化生产线的以太网网络

5. 触摸屏及嵌入式组态软件

YL-335B 型自动化生产线运行的主令信号（复位、起动、停止等）一般是通过触摸屏人机界面给出。同时，人机界面上也显示系统运行的各种状态信息。

YL-335B 型自动化生产线采用了昆仑通态 TPC7062Ti 触摸屏作为它的人机界面。TPC7062Ti 触摸屏是一套以先进的 Cortex-A8 CPU 为核心（主频率为 600MHz）的高性能嵌入式一体化触摸屏。该产品设计采用了 7in（1in = 2.54cm）高亮度 TFT 液晶显示屏（分辨率为 800×480 像素），四线电阻式触摸屏（分辨率为 4096×4096 像素）。同时还预装了 MCGS 嵌入式组态软件（运行版），具备强大的图像显示和数据处理功能。

运行在 TPC7062Ti 触摸屏上的各种控制界面，需要首先用运行于个人计算机（PC）的 Windows 操作系统下的组态软件 MCGS 制作"工程文件"，再通过 PC 和触摸屏的 USB 口或者网口把组建好的"工程文件"下载到人机界面中运行，人机界面与生产设备的控制器（PLC 等）不断交换信息，实现监控功能。人机界面的组态与运行过程连接示意如图 1-12 所示。

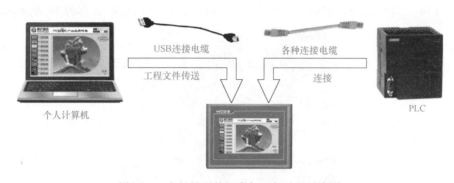

图 1-12　人机界面的组态与运行过程示意图

昆仑通态公司专门开发的用于 mcgsTPC 的 MCGS 嵌入版组态软件，其体系结构分为组态环境、模拟运行环境和运行环境三部分。组态环境和运行环境是分开的，在组态环境下组态好的工程要下载到嵌入式系统中运行。

MCGS 嵌入版组态软件须安装到计算机上才能使用，具体安装步骤请参阅相关 MCGS 嵌入版组态软件说明书。安装完成后，Windows 操作系统桌面上添加了如图 1-13 所示的两个快捷方式图标，分别用于启动 MCGS 嵌入式组态环境和模拟运行环境。

图 1-13　组态环境和模拟运行环境图标

MCGS 嵌入版模拟运行功能使得用户在模拟环境中就可以查看组态的界面美观性、功能的实现情况以及性能的合理性，从而解决了用户组态调试中必须将 PC 与触摸屏嵌入式系统相连的问题。

三、了解 YL-335B 型自动化生产线的气源及气源处理装置

YL-335B 型自动化生产线上实现各种控制的重要手段之一是采用气动技术，即以压缩空气作为动力源，进行能量传递或信号传递的工程技术。气动技术在工业生产中的应用十分广泛。YL-335B 型自动化生产线的各工作单元上安装了许多气动器件，可归纳为气源及气源处理器、控制元件、执行元件及辅助元件。这里仅对气源及气源处理器的工

作原理作简单介绍，重点介绍它们的使用方法。气动控制、执行元件以及辅助元件等将在后面各项目中逐步介绍。

1. 气源装置

气源装置是用来产生具有足够压力和流量的压缩空气，并将其净化、处理及存储的一套装置。自动化生产线使用气泵作为气源装置。YL-335B型自动化生产线配置的是小型气泵，其主要部分如图 1-14 所示。空气压缩机把电能转变为气压能，所产生的压缩空气用储气罐先储存起来，再通过气源开关控制输出，这样可减少输出气流的压力脉动，使输出气流具有流量连续性和气压稳定性；储气罐内的压力用压力表显示，压力控制则由压力开关实现，即达到设定的最高压力时压缩机停止，达到设定的最低压力时重新激活压缩机。当压力超过允许限度时，则用过载安全保护器将压缩空气排出；输出的压缩空气的净化由主管道过滤器实现，其功能是清除主管道内的灰尘、水分和油分。

图 1-14　小型气泵上的主要部件

1—空气压缩机　2—压力开关　3—过载安全保护器　4—储气罐　5—气源开关

2. 气源处理器

从空气压缩机输出的压缩空气中仍然含有大量的水分、油分和粉尘等污染物。质量不良的压缩空气是气动系统出现故障的最主要因素，它会使气动系统的可靠性和使用寿命大大降低。因此，压缩空气进入气动系统前应进行二次过滤，以便滤除压缩空气中的水分、油分以及杂质，以达到起动系统所需要的净化程度。

为确保系统压力的稳定性，减小因气源气压突变时对阀门或执行器等硬件的损伤，进行空气过滤后，应调节或控制气压的变化，并保持降压后的压力值固定在需要的数值上。实现方法是使用减压阀调定。

气压系统的机体运动部件需进行润滑。对不方便加润滑油的部件进行润滑，可以采用油雾器，它是气压系统中一种特殊的注油装置，其作用是把润滑油雾化后，经压缩空气携带进入系统需要润滑的部位，达到润滑的目的。

工业上的气动系统常常使用组合起来的气动三联件作为气源处理装置。气动三联件是指空气过滤器、减压阀和油雾器。各元件之间采用模块式组合的方式连接，如图 1-15 所示。这种方式安装简单，密封性好，易于实现标准化、系列化，可缩小外形尺

图 1-15　气动三联件

寸，节省空间和配管，便于维修和集中管理。

有些品牌的电磁阀和气缸能够实现无油润滑（靠润滑脂实现润滑功能），便不需要使用油雾器。这时只须把空气过滤器和减压阀组合在一起，称之为气动二联件。YL-335B 型自动化生产线的所有气缸都是无油润滑气缸。

3. YL-335B 型自动化生产线的气源处理组件

YL-335B 型自动化生产线的气源处理组件使用空气过滤器和减压阀集装在一起的气动二联件结构，组件及其回路原理图分别如图 1-16 所示。

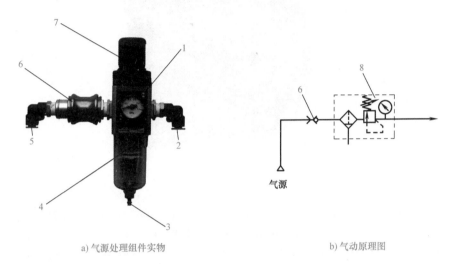

a) 气源处理组件实物　　　　　　　　　　　　b) 气动原理图

图 1-16　YL-335B 型自动化生产线的气源处理组件
1—压力表　2—输出口　3—手动排水阀　4—过滤及干燥器　5—进气口
6—快速开关　7—压力调节旋钮　8—气动二联件

在图 1-16 中，气源处理组件的输入气源来自空气压缩机，所提供的压力要求为 0.6~1.0MPa。组件的气路入口处安装一个快速开关，用于启/闭气源。当把快速开关向右推入时，气路接通气源；反之把快速开关向左拔出时，气路关闭。组件的输出压力为 0~0.8MPa 可调。

输出的压缩空气通过快速三通接头和气管输送到各工作单元。转动旋钮进行压力调节前，应先拉起旋钮再旋转，压下旋钮为定位。旋钮向右旋转为调高出口压力，旋钮向左旋转为调低出口压力。调节压力时，应逐步均匀地调至所需压力值，不可一步调节到位。

本组件的空气过滤器采用手动排水方式。手动排水时，当水位达到滤芯下方水平之前必须排出。因此，在使用时应经常检查过滤器中凝结水的水位，在超过最高标线以前必须排放，以免被重新吸入。

任务二　熟悉 S7-200 SMART PLC 编程及调试步骤

一、S7-200 SMART CPU 模块及其接线

S7-200 SMART CPU 是继 S7-200 CPU 系列产品之后推出的小型 CPU 家族的新成员。CPU 本体集成了一定数量的数字量 I/O 点、一个 RJ45 以太网接口和一个 RS-485 接口。

1. S7-200 SMART CPU 硬件结构

S7-200 SMART CPU 将微处理器、集成电源、输入电路和输出电路组合到一个结构紧凑的外壳中，形成功能强大的 S7-200 SMART 系列 PLC，如图 1-17 所示。

图 1-17   S7-200 SMART CPU 硬件结构

1—以太网通信接口   2—导轨固定卡口   3—数字量输入接线端子   4—CPU供电电源接线端子   5—数字量输入/输出指示灯
6—扩展模块接口   7—存储卡插口   8—数字量输出接线端子   9—选择器件：信号板或是通信板
10—RS-485 通信接口   11—运行状态指示灯：运行、停止、报错   12—以太网通信指示灯：LINK、Rx/Tx

2. S7-200 SMART CPU 型号及特性

S7-200 SMART CPU 有标准型和经济型两种。经济型 CPU 模块直接通过单机本体满足相对简单的控制需要，无扩展功能；而标准型 CPU 可以根据需要扩展模块，最多配置 6 个。S7-200 SMART CPU 按照数字量输出类型又分为晶体管输出和继电器输出两种，表 1-2 列出了 S7-200 SMART CPU 的型号和尺寸信息。型号中 C 表示紧凑经济型（Compact）、S 表示标准型（Standard）、T 表示晶体管输出（Transistor）、R 表示继电器输出（Relay）。

表 1-2   S7-200 SMART CPU 的型号和尺寸信息

CPU 类型		供电/I/O	数字量输入点（DI）	数字量输出点（DO）	外形尺寸/mm（宽×高×长）
20I/O	CPU SR20	AC/DC/RLY	12 个	8 个	90×100×81
	CPU ST20	DC/DC/DC			
30I/O	CPU SR30	AC/DC/RLY	18 个	12 个	110×100×81
	CPU ST30	DC/DC/DC			
40I/O	CPU SR40	AC/DC/RLY	24 个	16 个	125×100×81
	CPU ST40	DC/DC/DC			
	CPU CR40	AC/DC/RLY			
60I/O	CPU SR60	AC/DC/RLY	36 个	24 个	175×100×81
	CPU ST60	DC/DC/DC			
	CPU CR60	AC/DC/RLY			

注：1. AC/DC/RLY：表示 CPU 是交流供电，直流数字量输入，继电器数字量输出。

2. DC/DC/DC：表示 CPU 是直流 24V 供电，直流数字量输入，晶体管数字量输出。

表 1-3 列出了标准型 S7-200 SMART CPU 简要技术规范。

表 1-3 标准型 S7-200 SMART CPU 简要技术规范

特性	CPU SR20/ST20	CPU SR30/ST30	CPU SR40/ST40	CPU SR60/ST60
用户程序区	12KB	18KB	24KB	30KB
用户数据区	8KB	12KB	16KB	20KB
最大信号模块扩展	6	6	6	6
信号板扩展	1	1	1	1
高速计数器	共 4 个:4 个单相 200kHz,或 2 个 A/B 相 40kHz			
最大脉冲输出频率	2 个,100kHz (仅 ST20)	3 个,100kHz (仅 ST30)	3 个,100kHz (仅 ST40)	3 个,100kHz (仅 ST60)
实时时钟 备用时间 7 天	有	有	有	有
脉冲捕捉输入点数	12	12	14	14

3. YL-335B 型自动化生产线上选用的 S7-200 SMART CPU 及其 I/O 接线

在 YL-335B 型自动化生产线上,输送单元以及装配单元 II 采用 CPU ST40 DC/DC/DC,其余工作单元(包括原装配单元)均采用 CPU SR40 AC/DC/RLY 型。这两种型号的 CPU 典型接线见表 1-4。

表 1-4 SR40 CPU 和 ST40 CPU 的接线

CPU 类型	接 线 图
CPU SR40 AC/DC/RLY	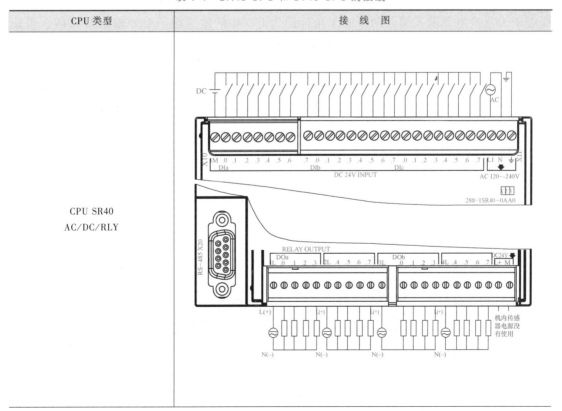

（续）

CPU 类型	接 线 图
CPU ST40 DC/DC/DC	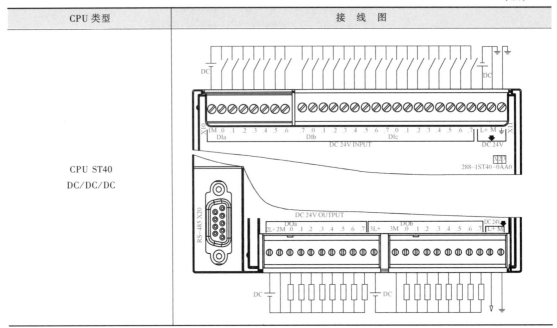

以 CPU Sx40 为例，供电类型有两种：DC 24V 和 AC 120/240V。DC/DC/DC 类型的 CPU 供电电源是 DC 24V；AC/DC/RLY 类型的 CPU 供电电源是 AC 220V。表 1-4 中，SR40 右上角标记为 L1/N 的接线端子为交流电源输入端，ST40 右上角标记为 L+/M 的接线端子为直流电源输入端。两者右下角标记为 L+/M 的接线端子对外输出 DC24V，可用来给 CPU 本体的 I/O 点、EM 扩展模块、SB 信号板上的 I/O 点供电，最大供电能力为 300mA。

CPU 本体的数字量输入都是 DC 24V，如图 1-18 所示，可以支持漏型输入（回路电流从外接设备流向 CPU DI 端）和源型输入（回路电流从 CPU DI 端流向外接设备）。漏型和源型输入分别对应 PNP 和 NPN 输出类型的传感器信号。

CPU 本体的数字量输出有两种类型：直流 24V 晶体管和继电器，如图 1-19 所示。晶体管输出的 CPU 只支持源型输出，继电器输出可以接直流信号也可以接 120V/240V 的交流信号。

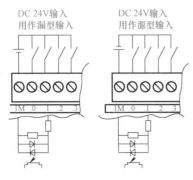

图 1-18　数字量输入接线

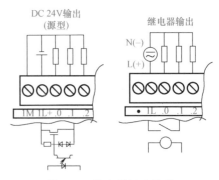

图 1-19　数字量输出接线

二、STEP7-Micro/WIN SMART 编程软件简介

STEP 7-Micro/WIN SMART 是一款功能强大的软件，用于 S7-200 SMART 系列 PLC 程序编辑、监控与调试。它支持三种模式：LAD（梯形图）、FBD（功能块图）和 STL（语句表）。该软件与 S7-200 编程软件 STEP 7-Micro/WIN 类似，在 S7-200 中运行的程序，大部分都可以在 S7-200 SMART 中运行。

1. STEP 7-Micro/WIN SMART 的安装

软件对计算机的最低要求：①操作系统：Windows XP SP3（仅 32 位）、Windows 7（支持 32 位和 64 位）。②至少 350MB 的空闲硬盘空间。

用户可在西门子（中国）有限公司自动化与驱动集团的网站上申请下载，下载的安装包大多都是扩展名为 ISO 的光盘镜像压缩文件，用虚拟光驱加载并打开安装包后，双击可执行文件"SETUP. EXE"，按照常规的选项选择即可完成安装。**友情提示：安装该软件前，最好关闭杀毒、防火墙软件以及其他处于运行状态的程序，且存放该软件的目录最好为英文。**

2. STEP 7-Micro/WIN SMART 的界面

软件安装完毕后，直接双击桌面上的快捷图标，即可打开 STEP7-Micro/WIN SMART 软件。该软件提供给用户一个友好的环境，其主界面如图 1-20 所示。

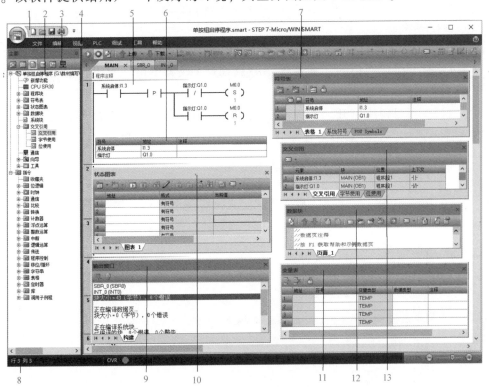

图 1-20　STEP 7-Micro/WIN SMART 软件的主界面

1—快速访问工具栏　2—项目树　3—导航栏　4—菜单栏　5—程序编辑器　6—符号信息表

7—符号表　8—状态栏　9—输出窗口　10—状态图表　11—变量表　12—数据块　13—交叉引用

（1）快速访问工具栏

快速访问工具栏位于菜单选项卡正上方。通过快速访问文件按钮可简单快速地访问"文件"菜单的大部分功能以及最近文档。快速访问工具栏上的其他按钮对应于文件功能的"新建"（New）、"打开"（Open）、"保存"（Save）和"打印"（Print）。右击菜单功能区，可以"自定义快速访问工具栏"。

（2）项目树

编辑项目时，项目树非常必要。项目树可以显示，也可以隐藏。如果项目树未显示，可按以下步骤显示项目树：打开菜单栏上的"视图"，从"窗口"区域的"组件"下拉列表中选择"项目树"。另外，在项目树的右上角有个小钉图标"📌"，当这个小钉图标为横放时，项目树会自动隐藏，这样编辑区域就会变大。如果用户希望项目树一直显示，只要单击小钉图标，使其竖放即可。

（3）导航栏

导航栏显示在项目树上方，可快速访问项目树上的对象。各导航栏按钮分别为"符号表""状态图表""数据块""系统块""交叉引用""通信"。如要打开通信，单击导航栏上的"通信"按钮，与单击项目树上的"通信"选项效果是等同的。

（4）菜单栏

菜单栏包括"文件""编辑""视图""PLC""调试""工具"及"帮助"7个菜单项。用户可以定制"工具"菜单，在该菜单中增加自己的工具。

（5）程序编辑器

程序编辑器是编写和编辑程序的区域，打开程序编辑器有两种方法。

方法1：打开菜单栏中的"文件"——"新建"（或者单击"打开"按钮）命令，便可打开 STEP7-Micro/WIN SMART 项目。

方法2：在项目树中打开"程序块"文件夹，方法是单击分支展开图标或双击"程序块"文件夹图标。然后双击主程序（OB1）、子程序或中断例程。

程序编辑器界面如图 1-21 所示。

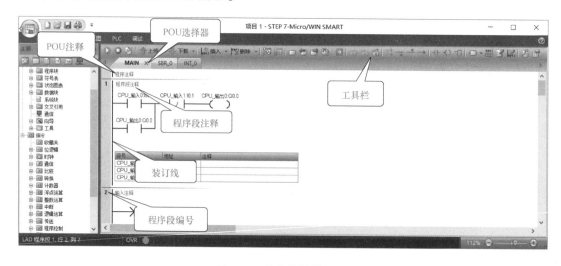

图 1-21　程序编辑器界面

1）工具栏：主要有常用操作按钮，以及可放置到程序段中的通用程序元素，见表1-5。

表 1-5　工具栏常用按钮的图形及含义

序号	按钮图形	含　义
1		将 CPU 工作模式更改为"RUN"或"STOP"；编译程序
2	⇧上传 ▾ ⇩下载 ▾	上传和下载传送
3	插入 ▾ 删除 ▾	针对当前所选对象的插入和删除功能
4		调试操作以启动程序监视和暂停程序监视
5		书签和导航功能：放置书签、转到下一书签、转到上一书签、移除所有书签和转到特定程序段、行或线
6		强制功能：强制、取消强制和全部取消强制
7		可拖动到程序段的通用程序元素
8		地址和注释显示功能：显示符号、显示绝对地址、显示符号和绝对地址、切换符号信息表显示、显示 POU 注释以及显示程序段注释
9		设置 POU 保护和常规属性

2）POU 选择器：能够实现在主程序块（MAIN）、子程序（SBR_0）或中断例程（INT_0）之间进行切换。单击 POU 选择器中选项卡上的"×"可将其关闭。

3）POU 注释：显示在 POU 中第一个程序段上方，提供详细的多行 POU 注释功能。每条 POU 注释最多可以有 4096 个字符。可在"视图"菜单功能区的"注释"区域单击"POU 注释"按钮显示或隐藏 POU 注释。

4）程序段注释：显示在程序段旁边，为每个程序段提供详细的多行注释附加功能。每条程序段注释最多可有 4096 个字符。可在"视图"菜单功能区的"注释"区域单击"程序段注释"按钮显示或隐藏程序段注释。

5）程序段编号：每个程序段的数字标识符。编号会自动生成，取值范围为 1~65536。

6）装订线：位于程序编辑器界面左侧的灰色区域，在该区域内单击可选择单个程序段，也可通过单击并拖动来选择多个程序段。STEP7-Micro/ WIN SMART 还在此显示各种符号，如书签和 POU 密码保护锁。

（6）符号信息表

符号信息表显示在程序中每个程序段的下方，列出该程序段中所有符号的信息，如符号名、绝对地址、值、数据类型和注释等，该表还包括未定义的符号名。不包含全局符号的程序段不显示符号信息表。所有重复条目均被删除。符号信息表不可编辑。

要在程序编辑器窗口中查看或隐藏符号信息表，可以使用以下方法。

方法1：在"视图"菜单的"符号"区域单击"符号信息表"按钮。

方法2：按Ctrl+T组合键。

方法3：在"视图"菜单的"符号"区域单击"将符号应用到项目"按钮。"应用所有符号"命令使用所有新、旧和修改的符号名更新项目。

（7）符号表

符号是为存储器地址或常量指定的符号名称。如可为下列存储器类型创建符号名：I、Q、M、SM、AI、AQ、V、S、C、T、HC。符号表是符号和地址对应关系的列表。

打开符号表有以下两种方法，具体如下。

方法1：单击导航栏中的"符号表"按钮。

方法2：在"视图"菜单的"窗口"区域中，从"组件"下拉列表中选择"符号表"。

（8）状态栏

位于主窗口底部的状态栏用于提供在STEP 7-Micro/WIN SMART中执行的操作的相关信息。

当在编辑模式下工作时，显示编辑器信息：简要状态说明、当前程序段编号、当前编辑器的光标位置、当前编辑模式（插入或覆盖）。

状态栏显示在线状态信息：指示通信状态的图标、本地站（如果存在）的通信地址和站名称、存在致命或非致命错误的状况（如果有）。

（9）输出窗口

输出窗口列出了最近编译的POU和在编译期间发生的所有错误。如果已打开程序编辑器窗口和输出窗口，可在输出窗口中双击错误信息使程序自动滚动到错误所在的程序段。纠正程序后，重新编译程序以更新输出窗口和删除已纠正程序段的错误参考。

要清除输出窗口的内容，右击显示区域，然后从快捷菜单中选择"清除"命令。如果从快捷菜单中选择"复制"命令，还可将内容复制到剪贴板。在"工具"菜单的"设置"区域单击"选项"按钮，还可组态输出窗口的显示选项。

（10）状态图表

在下载程序至PLC之后，可以打开状态图表进行监控和调试程序操作。

在控制程序的执行过程中，可用两种不同方式查看状态图表数据的动态改变，见表1-6。

表1-6 两种不同方式监控状态数据

图表状态	在表格中显示状态数据：每行指定一个要监视的PLC数据值。可指定存储器地址、格式、当前值和新值（如果使用强制命令）
趋势显示	通过随时间变化的PLC数据绘图跟踪状态数据：可以在表格视图和趋势视图之间切换现有状态图表，也可在趋势视图中直接分配新的趋势数据

（11）变量表

初学者一般不会用到变量表，下面用一个例子说明变量表的使用。

例 1-1　用于程序表达算式 $Ly = (La + Lb) \times Lx$。

1）在子程序界面中，打开菜单栏的"视图"，从"组件"下拉列表中选择"变量表"。

2）在变量表中，输入如图 1-22 所示的参数。

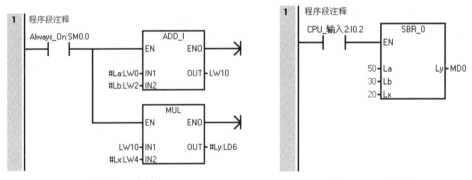

图 1-22　变量表

3）在子程序中输入如图 1-23 所示的程序。

4）在主程序中调用子程序，并将运算结果存入 MD0 中，如图 1-24 所示。MD0 中的运算结果可在状态图表中打开监控观察。

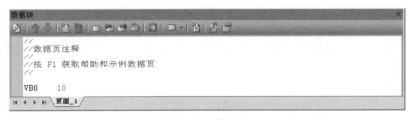

图 1-23　子程序　　　　　　　　图 1-24　主程序

（12）数据块

数据块包含可向 V 存储器地址分配数据值的数据页。使用下列方法之一可访问数据块：在导航栏上单击数据块按钮，或在"视图"菜单的"窗口"区域，从"组件"下拉列表中选择"数据块"，如图 1-25 所示，将 10 赋值给 VB0，其作用相当于图 1-26 所

图 1-25　数据块

示程序。

（13）交叉引用

调试程序时，可能需要增加、删除或编辑参数，使用"交叉引用"窗口可查看程序中参数的当前赋值情况，以防止无意间重复赋值。通过以下方法可访问交叉引用表。

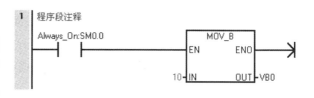

图 1-26　程序

方法 1：在项目树中打开"交叉引用"文件夹，然后双击"交叉引用""字节使用"或"位使用"。

方法 2：单击导航栏中的交叉引用图标。

方法 3：在"视图"菜单功能区的"窗口"区域，从"组件"下拉列表中选择"交叉引用"。

三、用 STEP7-Micro/WIN SMART 建立一个完整的项目

任务要求：试采用 S7-200 SMART PLC 实现单按钮起停控制。具体要求：第一次按下按钮 SB1，指示灯 HL1 点亮；第二次按下按钮 SB1，指示灯 HL1 熄灭。即奇数次按下按钮，灯亮；偶数次按下按钮，灯灭。要求完成硬件接线及 PLC 程序的编写、编译下载及调试。

1. 硬件接线

根据任务要求，硬件接线如图 1-27 所示。图中输入采用源型接法，24V 电源正极连接公共端 1M。

2. 程序编写与调试

程序编写如图 1-28 所示，下面讲述该程序由编辑输入到下载、运行和监控的全过程。

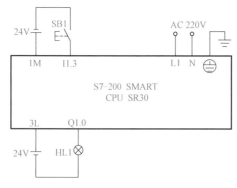

图 1-27　S7-200 SMART 硬件原理图

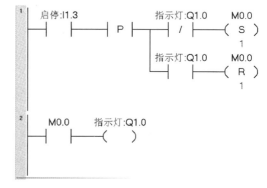

图 1-28　单按钮启停控制梯形图

（1）启动软件

双击桌面上的 STEP7-Micro/WIN SMART 快捷图标，打开编程软件后，一个命名为"项目 1"的空项目会被自动创建。

（2）硬件配置

双击项目树上方的 CPU ST40 图标，弹出"系统块"对话框，选择实际使用的 CPU 类型（CPU SR30），然后单击"确定"按钮返回，如图 1-29 所示。

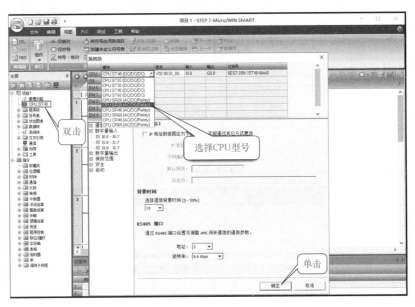

图 1-29　选择 CPU 类型

（3）程序编辑与编译

如图 1-30 所示，单击程序编辑器上方工具栏中的"插入触点""插入线圈"等快捷按钮，在编辑窗口编辑程序，编辑完毕后保存程序。然后单击工具栏中的"编译"按钮进行编译，如图 1-31 所示，编译结果在输出窗口中显示。若程序有错误，则输出窗

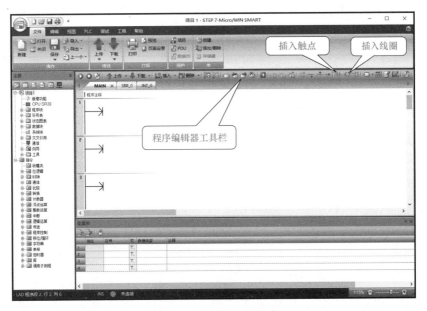

图 1-30　编辑梯形图程序

口会显示错误信息，这时可在输出窗口中错误处双击以跳转到程序中该错误所在处，然后进行修改、重新编译。

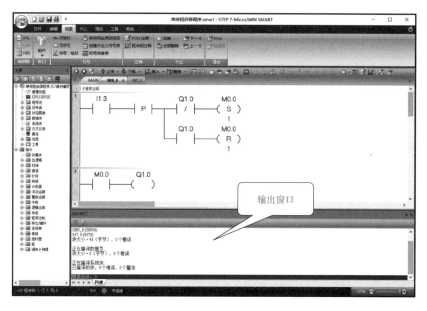

图 1-31　程序编辑与编译界面

（4）联机通信

用普通的网线完成计算机与 PLC 的硬件连接后，双击 STEP7-Micro/WIN SMART 编程软件项目树中的"通信"，弹出"通信"对话框。单击通信接口的下拉菜单，选择个人计算机的网卡，本例的网卡选择如图 1-32 所示（与个人计算机的硬件有关，可在如图 1-33 所示列表框中查询），然后单击下方的"查找 CPU"按钮，找到 SMART CPU 的 IP 地址为"192.168.2.1"，如图 1-34 所示。然后单击"闪烁指示灯"按钮，以目测找到连接的 PLC（运行状态指示灯交替闪烁）。

图 1-32　网卡选择

单击"闪烁停止"按钮，然后单击"确定"按钮，连机通信成功。也可能会通信

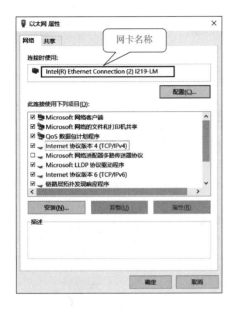

图 1-33　网卡查询

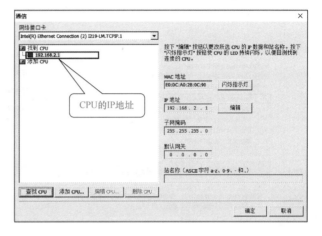

图 1-34　查找 CPU

不成功，弹出图 1-35 所示对话框。这是因为编程设备即个人计算机的 IP 地址与 SMART PLC 的 IP 地址没有设置成同一网段。不设置个人计算机 IP 地址，也可以搜索到可访问的 PLC，但不能下载程序。

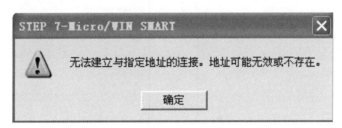

图 1-35　通信连接错误对话框

（5）设置个人计算机 IP 地址

设置个人计算机的 IP 地址，与 SMART CPU 的 IP 地址位于同一网段（末尾数字不同，其他同），例如，192.168.2.6，如图 1-36 所示，然后单击"确定"按钮返回。所有 S7-200 SMART CPU 出厂时都有默认 IP 地址：192.168.2.1。

（6）下载程序

单击程序编辑器工具栏中的下载按钮，弹出图 1-37 所示对话框，勾选"程序块""数据块""系统块""从 RUN 切换到 STOP 时提示""从 STOP 切换到 RUN 时提示"后，单击"下载"按钮，下载成功的界面如图 1-38 所示。

（7）运行和停止模式切换

要运行下载到 PLC 中的程序，只要单击程序编辑器工具栏中的 RUN 按钮 ▶，在弹出的图 1-39 所示的对话框中选择"是"即可。同理，要停止运行程序，只要单击程序

图 1-36　编程设备（个人计算机）IP 设置

图 1-37　下载程序

图 1-38　下载成功

编辑器工具栏中的 STOP 按钮，在弹出的对话框中单击"是"按钮即可。

图 1-39　运行程序

（8）程序状态监控

单击程序编辑器工具栏中的程序状态按钮，即可开启监控，程序状态监控界面如

图 1-40 所示。但中间会弹出图 1-41 所示的比较对话框，单击"比较"按钮，出现
图 1-42 所示的"已通过"字样时，单击"继续"按钮即可。

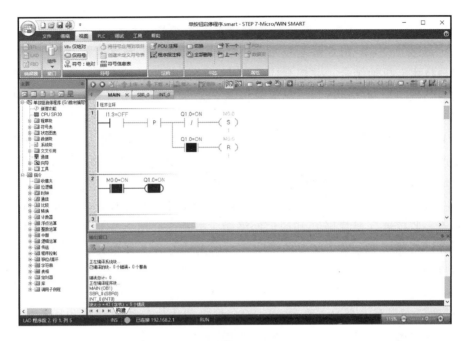

图 1-40　程序状态监控界面

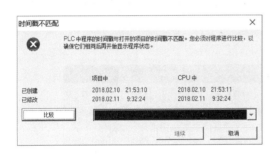

图 1-41　比较对话框

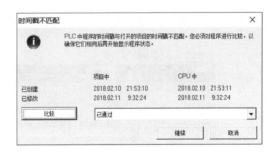

图 1-42　比较通过

此时第一次按下 I1.3 外接的按钮 SB1，会发现 Q1.0 外接的指示灯点亮，第二次按
下 SB1 按钮，指示灯熄灭。能实现预期奇数次按下点亮、偶数次按下熄灭的功能。

项目测评

项目测评 1

小结与思考

1. 小结

1) 自动化生产线的最大特点是具有综合性和系统性。综合性是指机械技术、电工电子技术、传感器技术、PLC控制技术、接口和驱动技术、网络通信技术、触摸屏组态编程等多种技术有机地结合，并综合应用到生产设备中；而系统性是指生产线的传感检测、传输与处理、控制、执行与驱动等机构在PLC的控制下协调有序地工作，有机地融合在一起。

2) YL-335B型自动化生产线是一条高仿真度的柔性化自动化生产线，它既体现了自动化生产线的主要特点，同时又整合了教学功能。系统可进行整体的联机运行实训，也可独立地进行单站实训；贯穿的相关知识点和技能点由浅入深、循序渐进。

3) 本项目作为全书的开篇，对YL-335B型自动化生产线的基本功能、构成系统的PLC控制器、监控器（触摸屏）和通信网络做了概括的介绍，并对供电电源、气源及气源处理器等设备通用部分做了必要的说明。为后面学习各工作单元，乃至总体运行的实训打下初步基础。

2. 思考题

1) 请通过参观有关企业，观察YL-335B型自动化生产线的结构和运行过程，比较YL-335B型自动化生产线与工业实际的自动化生产线的异同点。

2) 结合实际自动线，在STEP 7-Micro/WIN SMART中选择CPU SR40，在帮助文件指导下，预定义好符号表，然后再创建单按钮启停程序并下载调试。并在图1-43中单击框中常用按钮，查看程序显示状态有何异同。

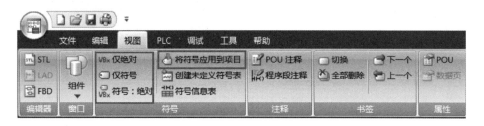

图1-43 程序中符号的显示

科技文献阅读

YL-335B Automatic Production Line (APL) training equipment comprises five units installed on an aluminum alloy rail training platform: a feeding unit, a processing unit, an assembly unit, a sorting unit and a delivery unit. The diagram of YL-335B Automatic Production Line is shown in the following figure. A PLC is installed to perform the function of control at each station. Interconnection between PLC is made through RS 485 serial communications, which forms a distribution-type control system.

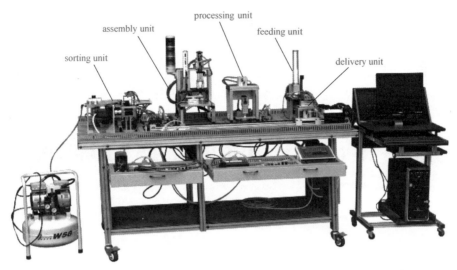

YL-335B Automatic Production Line

The task objective of YL-335B APL is to transfer a workpiece from the feeding unit to the material platform of the assembly unit, where the workpiece is embedded with small columns out of feeding bin. Then the assembled product is delivered to the processing unit. After processed at the processing unit, the product is transferred to the sorting unit to be sorted and output. The sorting station sorts out the product according to the material and the color of the workpiece.

专业术语：

（1）Automatic Production Line（APL）：自动化生产线

（2）aluminum alloy rail training platform：铝合金导轨式实训台

（3）feeding unit：供料单元

（4）prossing unit：加工单元

（5）assembly unit：装配单元

（6）sorting unit：分拣单元

（7）delivery unit：输送单元

（8）RS 485 serial communication：RS 485 串行通信

（9）distribution-type control system：分布式控制系统

项目二

供料单元的安装与调试

项目目标

1. 掌握直线气缸、单电控电磁阀、节流阀等基本气动元件的工作原理，并能完成基本气动回路的连接与调试。

2. 掌握磁性开关、光电接近开关、电感式接近开关等传感器电气接口特性，能进行各传感器在自动化生产线中的安装和调试。

3. 能在规定时间内完成供料单元的安装和调整，进行顺序控制程序的设计和调试，并能解决安装与运行过程中出现的常见问题。

项目描述

供料单元是 YL-335B 型自动化生产线的起始单元，起着向自动化生产线中其他单元提供原料的作用。根据实际安装与调试的工作过程，本项目主要考虑完成供料单元机械部件的安装、气路连接和调整、装置侧与 PLC 侧电气接线、PLC 程序的编写，最终通过机电联调实现设备总工作目标：按下起动按钮，通过顶料气缸和推料气缸的协调动作完成供料至出料台。当出料台工件被取走后，供料单元能继续进行供料操作。直至按下停止按钮，工作才停止。

本项目设置了两个工作任务：①供料单元的安装；②供料单元的 PLC 控制实训。

准备知识

一、供料单元的结构和工作过程

供料单元由安装在工作台面的装置侧部分和安装在抽屉内的 PLC 侧部分组成，装置侧的结构如图 2-1 所示。供料单元的主要功能是按照需要将放置在料仓中的工件（原料）自动地推出到出料台，以便输送单元的机械手将其抓取，输送至其他工作单元。

供料单元装置侧主要由工件存储装置和推料机构组件两部分组成。工件存储装置主

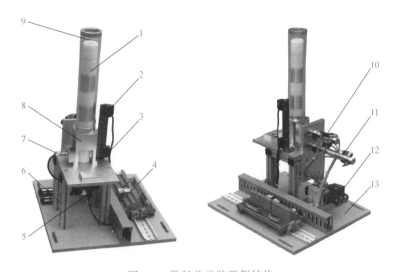

图 2-1　供料单元装置侧结构

1—杯形工件　2—物料不足检测传感器　3—缺料检测传感器　4—接线端口　5—出料检测传感器
6—支承架　7—金属物料检测传感器　8—料仓底座　9—管形料仓　10—顶料气缸
11—推料气缸　12—电磁阀组　13—底板

要由安装在支承架上的管形料仓、缺料检测组件和电感式接近开关等组成。推料机构组件主要由顶料气缸、推料气缸和气缸安装板等组成。推料机构组件也固定在支承架上，并置于管形料仓背面。

供料操作示意图如图 2-2 所示。具体如下：工件垂直叠放在管形料仓中，顶料气缸活塞杆伸出，顶住正前方的第二层工件；然后推料气缸活塞杆伸出，推第一层（底层）工件至物料台；然后推料气缸缩回，顶料气缸缩回。料仓中的工件在重力作用下自动向下移动一个工件高度，为下一次推出工件做好准备。

在管形料仓右侧的支架上，正对第一层（底层）和第四层工件的位置分别安装一个漫射式光电接近开关（见图 2-1 中的物料不足检测传感器和缺料检测传感器），它们的功能是检测料仓中有无储料及储料是否足够。

推料气缸把工件推出到出料台上。出料台面开有小孔，出料台下面安装有一个圆柱形漫反射式光电接近开关，工作时向上发出光线，透过出料台的小孔，从而检测是否有工件存在，以便向系统反馈本单元出料台有无工件的信号。在输送单元的控制程序中，就可以利用该信号状态判断是

"供料过程"
动画

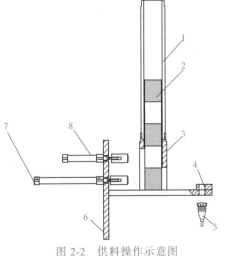

图 2-2　供料操作示意图

1—管形料仓　2—待加工工件　3—料仓底座
4—出料台　5—出料检测传感器　6—气缸支板
7—推料气缸　8—顶料气缸

否需要驱动机械手装置抓取工件。

二、供料单元的气动元件与气动回路

1. 标准气缸及单向节流阀

标准气缸是指普遍使用的、结构容易制造的、制造厂通常作为通用产品供应市场的气缸。在气缸运动的两个方向上，根据受气压控制的方向数量的不同，可分为单作用气缸和双作用气缸，具体如图2-3及图2-4所示。

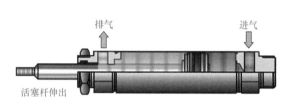

图 2-3　单作用气缸　　　　　　　　　　　图 2-4　双作用气缸

1—活塞杆　2—复位弹簧　3—进气口

单作用气缸在缸盖进气口输入压缩空气使活塞杆伸出（或缩回），而另一端靠弹簧力、自重或其他外力等使活塞杆恢复到初始位置。因其只在动作方向需要压缩空气，故可节约一半压缩空气量，主要用在夹紧、退料、阻挡、压入、举起和进给等操作中。

根据复位弹簧位置的不同可将单作用气缸分为预缩型气缸和预伸型气缸，如图2-5所示。当弹簧装在有杆腔内时，由于弹簧的作用力而使气缸活塞杆初始位置位于缩回位置，这种气缸称为预缩型单作用气缸；当弹簧装在无杆腔内时，气缸活塞杆初始位置位于伸出位置，则称为预伸型气缸。

"单作用气缸运动"动画

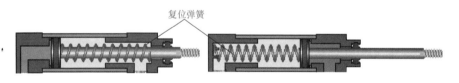

a) 预缩型单作用气缸　　　　　　　　b) 预伸型单作用气缸　　　　c) 图形符号

图 2-5　单作用气缸工作示意图

双作用气缸是应用最为广泛的气缸，其动作原理是：从无杆腔端的气口输入压缩空气时，若气压作用在活塞右端面上的力克服了运动摩擦力、负载等各种反作用力，则活塞杆伸出（见图2-6），有杆腔内的空气经气口排出。同样，当有杆腔端气口输入压缩空气时，活塞杆缩回至初始位置。通过无杆腔和有杆腔交替进气和排气，活塞杆交替伸出和缩回，气缸实现往复直线运动。

"双作用气缸运动"动画

双作用气缸具有结构简单、输出力稳定、行程可根据需要选择的优点，但由于是利用压缩空气交替作用于活塞上实现伸缩运动的，缩回时压缩空气的有效作用面积较小，

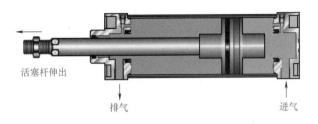

活塞杆伸出

排气　　　　　　　　　进气

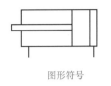

图形符号

图 2-6　双作用气缸工作示意图

所以产生的力要小于伸出时产生的推力。

　　为了使气缸的动作平稳可靠，应对气缸的运动速度加以控制，常用的方法是使用单向节流阀实现。单向节流阀是由单向阀和节流阀并联而成的流量控制阀，也称为速度控制阀。单向阀的功能是靠单向型密封圈实现的。图 2-7 给出一种单向节流阀及其工作示意图，A 端连接气缸气口，B 端连接气管。若气缸在排气状态时（见图 2-7c），空气从气缸气口 A 排出到单向节流阀，单向密封圈在封堵状态，单向阀关闭，这时只能通过调节手轮使节流阀杆上下移动，改变气流开度，从而达到节流的目的。反之，若气缸在进气状态时（见图 2-7d），单向型密封圈被气流冲开，单向阀开启，压缩空气直接从气缸气口 A 进入气缸，节流阀不起作用。因此，这种节流方式称为排气节流方式。

"单向节流
阀"动画

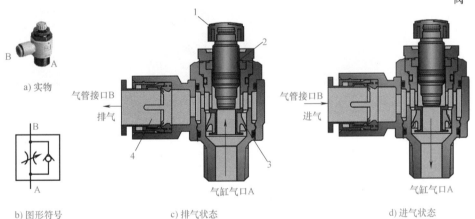

a) 实物

b) 图形符号　　　　　c) 排气状态　　　　　　　d) 进气状态

图 2-7　单向节流阀及其工作示意图

1—手轮　2—节流阀杆　3—单向密封圈　4—快速接头

　　图 2-8 给出了在双作用气缸装上两个排气型单向节流阀的连接示意图，当压缩空气从 A 端进气、从 B 端排气时，单向节流阀 A 的单向阀开启，向气缸无杆腔快速充气；由于单向节流阀 B 的单向阀关闭，有杆腔的气体只能经节流阀排气，调节节流阀 B 的开度，便可改变气缸伸出时的运动速度。反之，调节节流阀 A 的开度则可改变气缸缩回时的运动速度。这种控制方式下活塞运行稳定，是最常用的控制方式之一。

　　节流阀上带有气管的快速接头，只要将合适外径的气管插在快速接头上即可连接，操作十分方便。图 2-9 是安装了带快速接头的限出型节流阀的气缸外观。

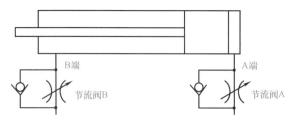

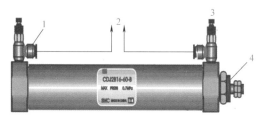

图 2-8 安装两个排气型单向节流阀的示意图

图 2-9 安装限出型节流阀的气缸

1—快速接头 2—连接气管
3—节流阀 4—活塞杆

2. 单电控电磁换向阀及电磁阀组

如前所述，标准气缸活塞的运动是依靠向气缸 A 端进气，从 B 端排气，或是从 B 端进气，A 端排气来实现的。气体流动方向的改变则由方向控制阀实现，方向控制方式有电磁控制、气压控制、人力控制、机械控制等多种类型。采用电磁控制方式实现的换向阀，称为电磁换向阀。

电磁换向阀是利用其电磁线圈通电时，静铁心对动铁心产生电磁吸力使阀芯切换，达到改变气流方向的目的。电磁换向阀按电磁线圈数量的不同，可分为单电控和双电控两种类型，如图 2-10 和图 2-11 所示。

图 2-10 单电控电磁换向阀

图 2-11 双电控电磁换向阀

图 2-12 所示是一个单电控直动式电磁换向阀的工作原理示意图。线圈通电时，动铁心向下移动，使供气口 P 和工作口 A 接通；线圈失电时，阀芯在弹簧力作用下复位，供气口 P 和工作口 B 接通。图 2-12c 为单电控二位五通电磁换向阀的图形符号。

所谓"位"，指的是为了改变气体流动方向，阀芯相对于阀体所具有的不同工作位置。"通"的含义则指换向阀与系统相连的端口，有几个端口即为几通。图 2-12c 所示图形符号中，只有两个工作位置，五个与系统相连的端口，即供气口 P、工作口 A 和 B、排气口 R1 和 R2，故为二位五通阀。其中，供气口 P 提供进气气流，工作口 A 和 B 输出工作气流。

"单电控直动
电磁换向阀"
动画

还有一种是先导式电磁控制换向阀，其主阀由压缩空气压力进行切换。此种电磁阀输出先导控制气压力，并由先导控制气压力推动主阀阀芯换向。按控制方式的不同，也可分为单电控和双电控两种类型。按先导压力来源的不同，可分为内部先导和外部先导两种类型。YL-335B 型自动化生产线上使用的为内部先导式电磁控制换向阀。图 2-13 所示为二位三通、二位四通和二位五通先导式单控电磁换向阀的图形符号，图形中有几个

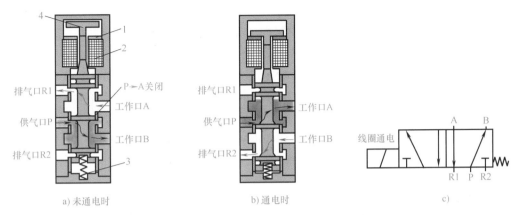

a) 未通电时　　　　　　　　b) 通电时　　　　　　　　c)

图 2-12　单电控电磁换向阀的动作原理示意图

1—静铁心　2—线圈　3—复位弹簧　4—动铁心

方格就是几位，方格中的"┬"和"┴"符号表示各接口互不相通。

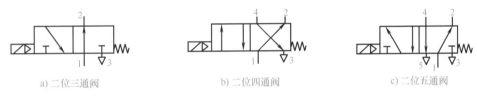

a) 二位三通阀　　　　　　b) 二位四通阀　　　　　　c) 二位五通阀

图 2-13　部分先导式单电控电磁换向阀的图形符号

　　把电磁阀集中安装在汇流板上，汇流板两个排气口末端连接消声器，如图 2-14 和图 2-15 所示，这种将多个阀与消声器、汇流板等集中在一起构成的一组控制阀的集成称为阀组，阀组中每个阀的功能是彼此独立的。其中，消声器的主要作用是减少压缩空气向大气排放时的噪声。

　　电磁阀带有手控开关和加锁钮，有锁定（LOCK）和开启（PUSH）两个位置。用小螺钉旋具把加锁钮旋到"LOCK"位置时，手控开关向下凹进去，不能进行手控操作。只有加锁钮在"PUSH"位置时，用工具向下按手控开关，信号为"1"，等同于该侧的电磁信号为"1"；常态时，手控开关的信号为"0"。在进行设备调试时，可以使用手控开关对阀进行控制，从而实现对相应气路的控制，进而实现对推料气缸等执行机构的控制，达到调试的目的。

图 2-14　电磁阀组

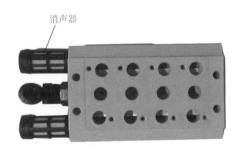

图 2-15　汇流板

"供料气
动"视频

3. 气动控制回路

能传输压缩空气并使各种气动元件按照一定的规律动作的通道即为气动控制回路。气动控制回路的逻辑控制功能是由 PLC 实现的。气动控制回路的工作原理如图 2-16 所示。图中，1A 和 2A 分别为顶料气缸和推料气缸。1B1 和 1B2 分别为安装在顶料气缸两个极限工作位置的磁感应式接近开关，2B1 和 2B2 分别为安装在推料气缸两个极限工作位置的磁感应式接近开关。1Y 和 2Y 分别为控制顶料气缸和推料气缸的电磁阀的电磁控制端。在供料单元中，这两个气缸的初始位置均设定在缩回状态。

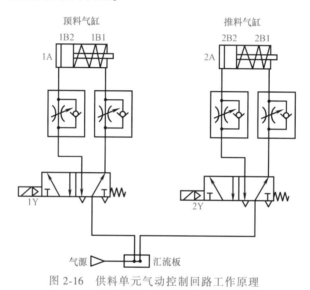

图 2-16　供料单元气动控制回路工作原理

三、传感器（接近开关）

按输出电信号类型的不同，传感器可分为开关量传感器、数字量传感器和模拟量传感器。接近开关是一种采用非接触式检测、输出开关量的开关量传感器。

YL-335B 型自动化生产线各工作单元使用的传感器大都是接近开关。接近开关有多种检测方式，包括利用电磁感应引起的检测对象金属体中产生涡电流的方式、捕捉检测对象的接近引起的电气信号容量变化的方式、利用磁石和引导开关的方式、利用光电效应和光电转换器件作为检测元件等。

供料单元用到的传感器主要有磁感应式接近开关（磁性开关）、电感式接近开关和漫反射式光电接近开关。

1. 磁性开关

磁性开关是一种非接触式的位置检测开关，具有检测时不会磨损和损伤检测对象的优点，常用于检测磁场或磁性物质的存在。在供料单元中，安装在顶料气缸、推料气缸极限工作位置的传感器均为磁性开关。

YL-335B 型自动化生产线所使用的气缸都是带磁性开关的气缸，其位置检测原理如图 2-17 所示。在非磁性材质的活塞上安装一个永久磁铁的磁环，这样就提供了一个反映气缸活塞位置的磁场。在气缸外侧某一位置安装磁性开关，当气缸中随活塞移动的磁环靠近开关时，舌簧开关的两个簧片被磁化而相互吸引，触点闭合；当磁环远离开关后，簧片失磁，触点断开。触点闭合或断开时发出电控信号，在 PLC 自动控制中，就可以利用该信号判断气缸活塞的运动状态和所处的位置。

"磁性开关"
动画

磁性开关的内部电路如图 2-18 中点画线框内所示。电路中的发光二极管用于显示传感器的信号状态，供调试与运行监视时观察。磁性开关动作时（舌簧开关接通），电流流过发光二极管，发光二极管点亮，输出信号"1"；磁性开关不动作时，发光二极管不亮，输出信号"0"。**注意**：由于发光二极管的单向导电性能，磁性开关使用棕色和蓝色引出线以区分极性，但绝非表示直流电源的正极和负极。对于源型输入的 PLC，棕色引出线应连接到 PLC 输入端，蓝色引出线应连接到 DC 24V 电源的负极，切勿将棕色引出线连接到 DC 24V 电源的正极。

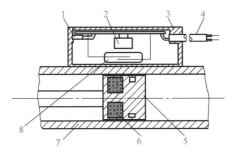

图 2-17 带磁性开关的气缸活塞位置检测原理
1—动作指示灯 2—保护电路 3—开关外壳 4—导线
5—活塞 6—磁环（永久磁铁） 7—缸筒 8—舌簧开关

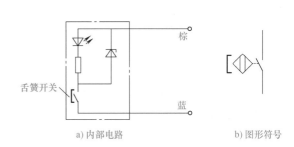

a) 内部电路　　　　b) 图形符号

图 2-18 磁性开关内部电路及图形符号

磁性开关的安装位置可以调整，调整方法是松开其紧定螺栓，让磁性开关顺着气缸滑动，到达指定位置后，再旋紧其紧定螺栓。

2. 电感式接近开关

电感式接近开关是利用涡流效应制造的传感器。涡流效应是指当金属物体处于一个交变的磁场中，在金属内部会产生交变的电涡流，该涡流又会反作用于产生它的磁场的一种物理效应。如果这个交变的磁场是由一个电感线圈产生的，则这个电感线圈中的电流就会发生变化，以平衡涡流产生的磁场。电感式接近开关就是利用这一原理制成的。

电感式接近开关主要由 LC 高频振荡器和调整电路组成，其工作原理如图 2-19a 所示。它是以高频振荡器（LC 振荡器）中的电感线圈作为检测元件，当被测金属物体接近电感线圈时便产生了涡流效应，引起振荡器振幅或频率的变化，由电感式接近开关的信号调整电路（包括检波、放大、整形、输出等电路）将该变化转换成开关量输出，从而达到检测的目的。

常见的电感式接近开关的外形有圆柱形、螺纹形、长方体形和 U 形等几种。在供料单元中，为了检测待加工工件是否为金属材料，在供料料仓底座左侧面安装了一个圆柱形电感式接近开关，如图 2-19b 所示。而输送单元的原点开关则采用长方体形，具体如

图 2-19c 所示。

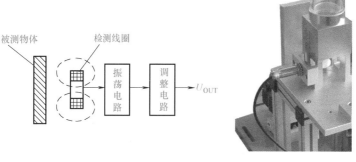

a) 电感式接近开关原理框图   b) 供料单元的金属检测器   c) 输送单元的原点开关

图 2-19　电感式接近开关

在电感式接近开关的选用和安装中，必须认真考虑检测距离和设定距离，保证生产线上的接近开关可靠动作。安装距离注意事项说明如图 2-20 所示。

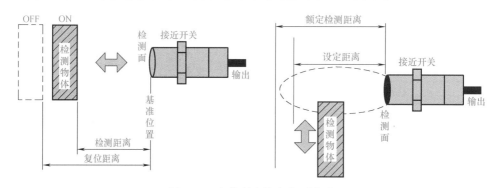

图 2-20　安装距离注意事项说明

3. 光电式接近开关

（1）光电式接近开关的类型

光电式接近开关是利用光电效应制成的开关量传感器，主要由投光器和受光器组成。投光器和受光器有一体式和分体式两种。投光器用于发射红外光或可见光，受光器用于接收投光器发射的光，并将光信号转换成电信号并以开关量的形式输出。

按照受光器接收光的方式的不同，光电式接近开关可分为对射式、反射式和漫射式 3 种，如图 2-21 所示。

对射式光电接近开关的投光器和受光器分别处于相对的位置上工作，根据光路信号的有无判断信号是否进行输出改变，此开关常用于检测不透明物体。

反射式光电接近开关的投光器和受光器为一体化结构，在其相对的位置上安置一个反射镜，投光器发出的光以反射镜是否有反射光被受光器接收来判断有无物体。

漫反射式光电接近开关的投光器和受光器也为一体化结构，利用光照射到被测物体上反射回来的光线而工作。由于物体反射的光线为漫反射光，故称为漫射式光电接近开关。

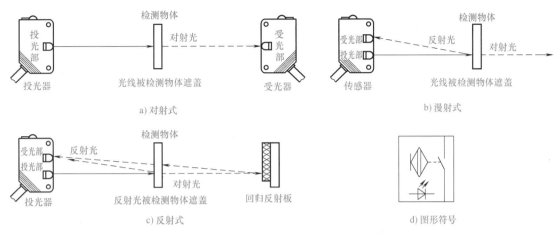

图 2-21　光电式接近开关的类型及图形符号

（2）供料单元中使用的漫射式光电接近开关

1）用来检测工件不足或工件有无的传感器选用欧姆龙公司的 E3Z-LS63 型光电接近开关。该光电接近开关是一种小型、可调节检测距离、放大器内置的漫射式光电接近开关，具有光束细小（光点直径约 2mm）、可检测同等距离的黑色和白色物体、检测距离可精确设定等特点。该光电接近开关的外观和顶端面上的调节旋钮及显示灯如图 2-22 所示。各器件功能说明如下。

① E3Z-LS63 型光电接近开关主要以三角测距为检测原理，具有 BGS（背景抑制模式）和 FGS（前景抑制模式）两种检测模式。BGS 模式可在检测物体远离背景时选择；FGS 模式则可在检测物体与背景接触或检测物体是光泽物体等情况下选择。两种检测模式的选择可通过改变接线实现。E3Z-LS63 型光电接近开关电路原理图如图 2-23 所示，粉色引出线用于选择检测模式：若开

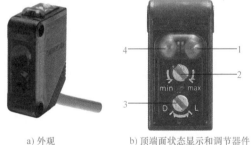

a）外观　　b）顶端面状态显示和调节器件

图 2-22　E3Z-LS63 型光电接近开关
1—动作指示灯（橙色）　2—灵敏度旋钮
3—动作转换开关　4—稳定指示灯（绿色）

路或连接到 0V，选择 BGS 模式；若连接到电源正极，选择 FGS 模式。YL-335B 型自动化生产线上的所有 E3Z-LS63 型光电接近开关粉色引出线均开路，即选择 BGS 模式。

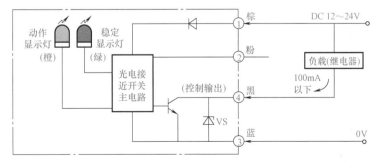

图 2-23　E3Z-LS63 型光电接近开关电路原理图

在 BGS 模式下，光电接近开关至设定距离间的物料可被检测，设定距离以外的物料不能被检测到，从而实现检测料仓内工件的目的。设定距离通过灵敏度旋钮设定，设定方法如下：在料仓中放进工件，将灵敏度旋钮沿逆时针方向旋到最小检测距离 min（约 20mm），然后按顺时针方向逐步旋转旋钮，直到橙色动作显示灯稳定地点亮（L 模式）。**注意**：灵敏度旋钮只能旋转 5 圈，超过就会空转，调整距离时须逐步轻微旋转。

② 动作转换开关用来转换光电接近开关的动作输出模式：当受光元件接收到反射光时输出为 ON（橙色灯亮），则称为 L（LIGHT ON）模式或受光模式；另一种动作输出模式是在未能接收到反射光时输出为 ON（橙色灯亮），称为 D（DARK ON）模式或遮光模式。选择哪一种检测模式，取决于编程思路。

例如，供料单元中，在管形料仓第一层（最底层）和第四层工件位置分别安装的漫射式光电接近开关，若均选择 L 模式，当料仓没有工件时，两个光电接近开关的投光器发射出去的检测光始终没有被反射到受光器，所以两个光电接近开关均不动作；而当料仓有 1~3 个工件时，第一层的光电接近开关投光器发射的检测光被反射到受光器，所以有动作，输出为 ON，而第四层的光电接近开关则没有接收到反射光，不动作，输出为 OFF，此时表明系统处于物料不足状态。可见，料仓中有无物料或物料是否足够就可用这两个光电接近开关的信号状态反映出来。若选择 D 模式，则恰恰相反。

③ 状态指示灯中还有一个稳定显示灯（绿色 LED），用于对设置后的环境变化（温度、电压、灰尘等）裕度进行自我诊断，如果裕度足够，显示灯点亮。反之，若该显示灯熄灭，则说明现场环境不合适，应从环境方面排除故障，如温度过高、电压过低、光线不足等。

E3Z-LS63 型光电接近开关由于实现了可视光的小光点（光点直径约 2mm），可以用肉眼确认检测点的位置，检测距离调试方便，并且在设定距离以内被检测物的颜色（黑白）对动作灵敏度的影响不太大，因此该光电接近开关也用于 YL-335B 型自动化生产线的其他检测，如装配单元料仓的欠缺料检测、回转台上左右料盘芯件的有无检测和加工单元加工台物料的有无检测等。

2）用来检测物料台上有无物料的光电接近开关是一个圆柱形漫射式光电接近开关。工作时，该开关向上发出光线，从而透过出料台小孔检测是否有工件存在，该光电接近开关选用 SICK 公司的 MHT15-N2317 型产品，其外观和接线如图 2-24 所示。

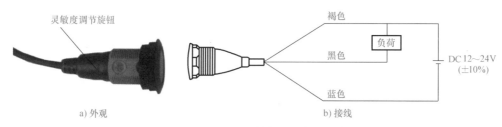

图 2-24　圆柱形漫射式光电接近开关

4. 接近开关的图形符号

部分接近开关的图形符号如图 2-25 所示。图 2-25a、b、c 均使用 NPN 型晶体管集电极开路输出。如果使用 PNP 型晶体管，正、负极性应反过来。

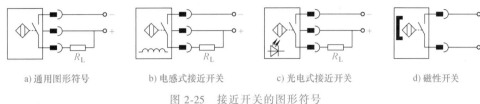

a)通用图形符号　　　　　b)电感式接近开关　　　　c)光电式接近开关　　　　d)磁性开关

图 2-25　接近开关的图形符号

任务一　供料单元的安装

一、安装前的准备工作

指导教师必须强调做好安装前的准备工作，使学生养成良好的工作习惯，并进行规范的操作，这是培养学生良好工作素养的重要步骤。

1）安装前，应对设备的零部件做初步检查以及必要的调整。

2）工具和零部件应合理摆放，操作时将每次使用完的工具放回原处。

二、安装步骤和方法

1. 机械部分的安装

首先，把供料站各零件组装成组件，然后把组件进行总装。组件包括：铝合金型材支承架、料仓底座及出料台、推料机构，如图 2-26 所示。

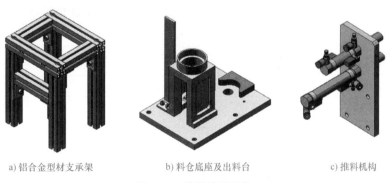

a)铝合金型材支承架　　　　　b)料仓底座及出料台　　　　　c)推料机构

图 2-26　供料单元组件

各组件装配好后，用螺栓把它们连接为总体，再用橡皮锤把管形料仓敲入料仓底座。机械部件装配完成后，装上欠缺料检测、金属检测和出料台物料检测等传感器，并将电磁阀组、接线端子排固定在底座上。安装时须注意它们的安装位置及安装方向等。最后在铝合金型材支承架上固定底座，完成供料站的安装。

安装过程中应注意下列几点。

1）装配铝合金型材支承架时，注意调整好各条边的平行及垂直度，锁紧螺栓。

2）气缸安装板和铝合金型材支承架的连接，须预留在铝合金型材"T"形槽中特定位置与之相配的螺母，如果没有放置螺母或没有放置足够多的螺母，将无法安装或安装不可靠。

3）机械机构固定在底座上时，需要将底座移动到操作台的边缘，螺栓从底座的反面拧入，将底座和机械机构部分的支承型材连接起来。

2. 气路连接和调试

（1）气路连接

从汇流板开始，按图2-16所示的气动控制回路工作原理图连接电磁阀、气缸。连接时，应遵循如下的气路连接专业规范要求。

1）连接时注意气管走向，应按序排布，线槽内不走气管。气管要在快速接头中插紧，不能有漏气现象。

2）气路连接完毕后，应用扎带绑扎，两个扎带之间的距离不超过50mm。电缆和气管应分开绑扎，但当它们都来自同一个移动模块时，允许绑扎在一起。

3）避免气管缠绕、绑扎变形的现象。

（2）气路调试

1）用电磁阀上的手控开关和加锁钮验证顶料气缸和推料气缸的初始位置和动作位置是否正确。

2）调整气缸节流阀以控制活塞杆的往复运动速度，伸出速度以不推倒工件为宜。

3. 装置侧的电气接线

装置侧电气接线包括各传感器、电磁阀、电源端子等引线到装置侧接线端口之间的接线。

供料单元装置侧的接线端口上各电磁阀和传感器的引线安排见表2-1。

"供料装置侧接线"视频

表2-1 供料单元装置侧的接线端口信号端子的分配

输入端口中间层			输出端口中间层		
端子号	设备符号	信号线	端子号	设备符号	信号线
2	1B1	顶料气缸伸出到位	2	1Y	顶料电磁阀
3	1B2	顶料气缸缩回到位	3	2Y	推料电磁阀
4	2B1	推料气缸伸出到位			
5	2B2	推料气缸缩回到位			
6	BG1	出料台物料检测			
7	BG2	物料不足检测			
8	BG3	物料有无检测			
9	BG4	金属材料检测			
10#~17#端子没有连接			4#~14#端子没有连接		

接线时应注意，装置侧的接线端口中，输入信号端（传感器端口）上层端子只能作为传感器的正电源端，切勿用于电磁阀等执行元件的负载。输出信号端（驱动端口）中间层接电磁阀线圈红色线，底层端子0V接电磁阀线圈蓝色线。电气接线的工艺应符合如下专业规范的规定。

1）导线连接时，必须用合适的冷压端子；端子制作时切勿损伤导线绝缘部分。

2）连接线须有符合规定的标号；每一端子连接的导线不超过两根；导线金属材料不外露，冷压端子金属部分不外露。

3）电缆在线槽里最少有 10cm 余量（若仅是一根短接线，则在同一线槽内不要求）。

4）电缆绝缘部分应在线槽里。接线完毕后线槽应盖住，无翘起和未完全盖住的现象。

5）接线完成后，应用扎带绑扎，力求整齐美观。

提示：本项目所述的机械装配、气路连接和电气配线等基本要求，适于以后各项目，今后将不再说明。

任务二　供料单元的 PLC 控制实训

一、工作任务

本任务只考虑供料单元作为独立设备运行时的情况。工作时，主令信号和运行状态显示信号来自/显示于 PLC 旁边的按钮/指示灯模块，且按钮/指示灯模块上的工作方式选择开关 SA 应置于"单站方式"位置（向左）。任务具体的控制要求如下。

1）设备上电和气源接通后，若工作单元的两个气缸均处于缩回位置，且料仓内有足够的工件，料台无工件，则"正常工作"指示灯 HL1 常亮，表示设备准备好。否则，该指示灯以 1Hz 的频率闪烁。

2）若设备准备好，按下起动按钮 SB1，工作单元起动，"设备运行"指示灯 HL2 常亮。起动后，若出料台上没有工件，则应把工件推到出料台上。出料台上的工件被人工取走后，若没有停止信号，则进行下一次推出工件操作。

3）若在运行中按下停止按钮 SB2，则在完成本工作周期任务后，各工作单元停止工作，指示灯 HL2 熄灭。

4）若运行中料仓内工件不足，则工作单元继续工作，但"正常工作"指示灯 HL1 以 1Hz 的频率闪烁，"设备运行"指示灯 HL2 保持常亮。若料仓内没有工件，则指示灯 HL1 和指示灯 HL2 均以 2Hz 的频率闪烁。工作站在完成本周期任务后停止。除非向料仓补充足够的工件，否则工作站不再起动。

要求完成如下任务：

① 规划 PLC 的 I/O 分配及接线端子分配。

② 进行系统安装接线，并校核接线的正确性。

③ 按控制要求编制 PLC 程序。

④ 进行系统调试与运行。

二、PLC 控制电路的设计

1. 规划 PLC 的 I/O 分配

根据供料单元装置侧的 I/O 信号分配（表 2-1）和工作任务的要求，选用 S7-200

SMART 系列的 CPU SR40 PLC，它有 24 点输入和 16 点输出。PLC 的 I/O 信号分配见表 2-2。

表 2-2 供料单元 PLC 的 I/O 信号分配

输入信号				输出信号			
序号	PLC 输入点	信号名称	信号来源	序号	PLC 输出点	信号名称	信号来源
1	I0.0	顶料气缸伸出到位（1B1）	装置侧	1	Q0.0	顶料电磁阀（1Y）	装置侧
2	I0.1	顶料气缸缩回到位（1B2）		2	Q0.1	推料电磁阀（2Y）	
3	I0.2	推料气缸伸出到位（2B1）		3			
4	I0.3	推料气缸缩回到位（2B2）		4			
5	I0.4	出料台物料检测（BG1）		5			
6	I0.5	物料不足检测（BG2）		6			
7	I0.6	物料有无检测（BG3）		7			
8	I0.7	金属材料检测（BG4）		8			
9	I1.2	起动按钮（SB1）	按钮/指示灯模块	9	Q0.7	正常工作（HL1）	按钮/指示灯模块
10	I1.3	停止按钮（SB2）		10	Q1.0	设备运行（HL2）	
11	I1.4	急停按钮（QS）		11	Q1.1	故障指示（HL3）	
12	I1.5	工作方式选择（SA）					

2. PLC 控制电路图的绘制及说明

按照所规划的 I/O 分配以及所选用的传感器类型绘制的供料单元 PLC 的 I/O 接线原理图如图 2-27 所示。

1）SMART 系列 PLC 内置一个 DC 24V 开关式稳压电源，也称作传感器电源，对外引出端子为 "L+" 和 "M"，可以为外部输入元件（传感器）提供 DC 24V 的工作电源。但 PLC 输入电路与传感器电源是相互独立的，输入回路供电电源可取自内置的传感电源，也可由外部稳压电源提供。

2）输入电路与传感器电源的相互独立，使得供电电源的极性配置可以根据信号源的性质而改变。例如，YL-335B 型自动化生产线所使用的所有传感器均为 NPN 型晶体管集电极开路输出，其输入回路的电源端子（"1M"端子）应接 DC 24V 电源的正极，而各传感器公共端应连接到 DC 24V 电源的负极；反之，若信号源来自 PNP 型晶体管集电极开路输出，即漏型输入，则用与上述相反的极性连接，因此与信号源的匹配相当灵活。

3）实际上，PLC 的传感器电源输出端子并不是必须连接的，输入回路电源和传感器工作电源可以都由外部稳压电源提供。这样可以使整体电路的电源接线单一，避免由于多种电源存在引起的接线错误，对于初学者来说有一定好处，YL-335B 型自动化生产线就是采用这种供电方式。但在实际工程中，外部电源可能会带来输入干扰，因而用得较少。

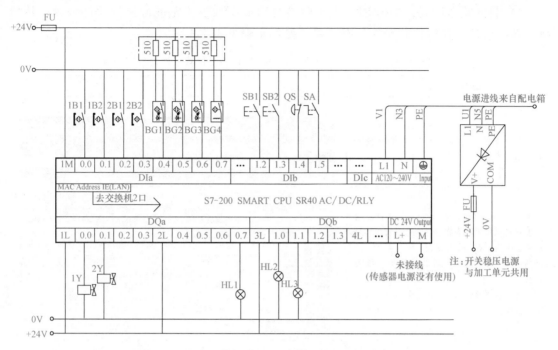

图 2-27　供料单元 PLC 的 I/O 接线原理图

三、PLC 控制电路的电气接线和校核

PLC 控制电路的电气接线包括供料单元装置侧和 PLC 侧两部分。进行 PLC 侧接线时，其工艺要求与前面已阐述的装置侧部分是相同的。**须注意的是**：从 PLC 的 I/O 端子到装置侧各 I/O 元件的接线，中间要通过一对接线端口互连，PLC 各端子到 PLC 侧端口的引线必须与装置侧的端口接线相对应。

"供料 PLC 侧接线"动画

控制电路接线完成后，应对接线加以校核，为下一步的程序调试做好准备。校核 PLC 控制电路接线的方法有多种，工程上常用的校核方法是使用万用表等有关仪表校核，以及借助 PLC 编程软件的状态表监控功能校核，具体步骤如下。

1）断开 YL-335B 型自动化生产线的电源和气源，用万用表校核供料单元 PLC 的 I/O 端子和 PLC 侧接线端口的连接关系；然后用万用表逐点测试按钮/指示灯模块中各按钮、开关等与 PLC 输入端子的连接关系，各指示灯与 PLC 输出端子的连接关系，完成后做好记录（按钮/指示灯模块各器件与 PLC 连接关系用万用表测试即可，不需要使用 PLC 状态监控功能）。

2）为了使气缸能自如动作，应清空供料单元料仓内的工件。接通供料单元电源，确保 PLC 在 STOP 状态。

3）在个人计算机上运行 STEP 7-Micro/WIN SMART 软件，创建一个新工程，然后检查编程软件和 PLC 之间的通信是否正常。只有当编程软件和 PLC 之间的通信正常时，才能进入状态监控操作。

4）打开状态图表，根据 PLC 上实际接线的 I/O 端子，先进行位软元件登录，然后激活在线监控，进行位软元件状态监视，操作步骤见表 2-3。

表 2-3　用 STEP 7-Micro/WIN SMART 软件进行位软元件的状态测试

测试步骤及说明	测 试 界 面
首先，在"调试"菜单中的"设置"区域选择"STOP 下强制"，启用 PLC 在 STOP 模式下强制写入输出	
步骤 1：打开状态图表，进行位软元件登录 ①双击项目树状态图表下的"图表 1"，打开状态图表。在"插入图表"下拉菜单中选择"行"命令，使监控元件数量增加至所需数量 ②键入数据地址，逐个输入所希望测试的输入或输出元件名，直至全部完成	
步骤 2：激活在线监控 单击状态图表中的"图表状态"按钮，开始持续监视状态图表中的变量。各元件的当前状态即在相应的"当前值"栏目中显示	
步骤 3：用强制输出测试输出点（以 Q0.0 为例） ①在状态表中 Q0.0 项的新值栏目中输入 2#1。 ②单击"写入"按钮，使位软元件 Q0.0 被写入 1。这时连接到 Q0.0 的执行机构通电动作，输出点 Q0.0 的分配即可确定 ③将 Q0.0 项的新值栏目数据改为 2#0，再次单击"写入"按钮，可使连接到 Q0.0 的执行机构复位	
步骤 4：退出位软元件状态监控 ①在"调试"菜单上取消"STOP 下强制"选项 ②选择所有登录的位软元件，在"删除图表"下拉菜单中选择"行"命令删除全部行 ③单击"图表状态"按钮，关闭在线监控功能，然后关掉状态图表，返回项目树中程序块"MAIN（OB1）"界面	

四、供料单元单站控制的编程思路

西门子 PLC 的模块化功能使得程序编制结构十分清楚。供料单元程序结构如图 2-28 所示，主程序 MAIN 可调用两个子程序。主程序 MAIN：主要完成系统起停等主流程控制，包括上电初始化、故障检测、检查系统是否准备就绪以及系统起动/停止操作。"供料控制"子程序：主要完成系统起动后工艺过程的步进顺序控制。"状态显示"子程序：主要完成用指示灯指示系统是否准备就绪、缺料或料不足等正/异常状况。

系统起动后，工艺过程的步进顺序控制实际是调用子程序实现的。在子程序中可使用步进指令。本部分着重介绍系统起停及起停后的主要步进顺序控制，状态显示部分从略。

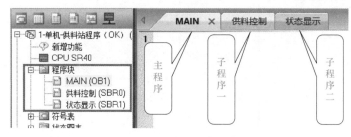

图 2-28　供料单元程序结构

1. 系统起/停主流程控制

供料单元的起动/停止控制的流程如图 2-29 所示。此部分需要考虑供料单元的步进顺序控制过程在什么条件下可以起动；起动后，在什么情况下停止。这些条件必须在顺序控制程序外部确定。为了便于分析，将上述这些归为状态监测、起停控制两部分，具体编程步骤见表 2-4。

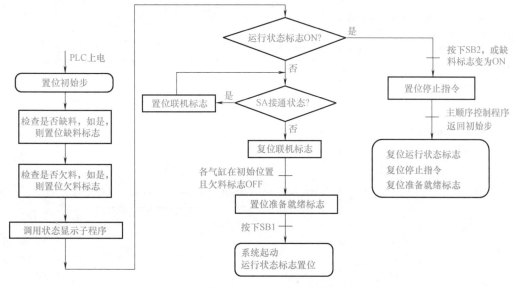

图 2-29　供料单元起动/停止控制的流程

表 2-4　状态监测及起停部分编程步骤

编程步骤	梯形图
1）PLC上电初始化后，每一扫描周期都检查设备有无缺料或欠料故障，并调用"状态显示"子程序，通过指示灯显示系统当前状态 系统状态包括：是否准备就绪、运行/停止状态、物料不足预报警、缺料报警等状态	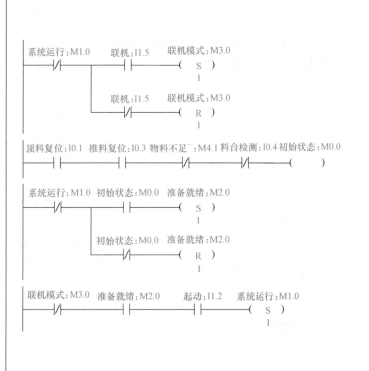
2）如果系统尚未起动，则检查系统当前状态是否满足起动条件： ①工作模式选择开关应置于单站模式（非联机模式） ②两个气缸均在缩回位置，料仓有足够的物料，出料台无工件，此时系统准备就绪 ③若系统准备就绪，按下起动按钮，则系统起动，运行状态标志被置位	系统运行:M1.0　联机:I1.5　联机模式:M3.0 　　─/─　　─┤├─　　（S）1 联机:I1.5　联机模式:M3.0 ─┤├─　　（R）1 顶料复位:I0.1 推料复位:I0.3 物料不足~:M4.1 料台检测:I0.4 初始状态:M0.0 ─┤├─　─┤├─　　─/─　　─/─　　（　） 系统运行:M1.0 初始状态:M0.0 准备就绪:M2.0 ─/─　　─┤├─　　（S）1 初始状态:M0.0 准备就绪:M2.0 ─/─　　（R）1 联机模式:M3.0 准备就绪:M2.0 起动:I1.2 系统运行:M1.0 ─/─　　─┤├─　　─┤├─　　（S）1

（续）

编 程 步 骤	梯 形 图
	（梯形图）
3）如果系统已经起动,则程序应在每一扫描周期检查有无停止按钮按下,或是否出现缺料故障。若出现上述事件,将发出停止指令 停止指令发出后,当顺序控制过程返回初始步时,复位运行状态标志及响应停止指令,系统停止运行	

梯形图内容：

停止:I1.3　　系统运行:M1.0　　系统停止:M1.1
—| |———| |————(S)
　　　　　　　　　　　　　　　　　　1
缺料状态:M4.2
—| |—

系统停止:M1.1　　S0.0　　系统运行:M1.0
—| |————| |————(R)
　　　　　　　　　　　　　　　2
　　　　　　　　　　　准备就绪:M2.0
　　　　　　　　　　　(R)
　　　　　　　　　　　　1

系统运行:M1.0　　供料控制
—| |————EN

2. 步进顺序控制过程

供料单元主要的工作过程是供料控制,它是一个单序列的步进顺序控制过程。步进顺序控制程序可以采用移位指令、译码指令等实现工步的转移,也可以用顺序控制指令来实现。当步进控制要求有较为复杂的选择、并行分支和跳转时,顺序控制指令较为方便。考虑到 YL-335B 型自动化生产线的工作过程,本书统一使用步进顺序控制指令作为编程示例,采用步进顺序控制的供料过程流程图如图 2-30 所示。

供料单元的步进过程比较简单,只有初始步、推料步和复位步三个工步。初始步在上电初始化时就被 SM0.1 置位,但系统未进入运行状态前则处于等待状态。当运行状态标志位为 ON 后,如果出料台没有工件,经延时确认后,才转移到推料步,将工件推出到出料台。动作完成后,转移到驱动机构复位步,使推料气缸和顶料气缸先后返回初始位置,这样就完成了一个工作周期,步进程序返回初始步。如果运行状态标志仍然为 ON,出料台工件被取走,便开始下一周期的供料工作。

需要注意的是推料步:进行推料操作前,必须用顶料气缸顶起第二层工件,完成后才驱动推料气缸推出第一层(底层)工件。顶料完成信号由检测顶料到位的磁性开关提供,但当料仓中只剩下一个工件时,就会出现顶料气缸无

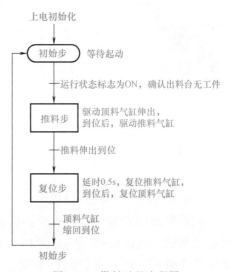

图 2-30　供料过程流程图

料可顶，顶料到位信号一晃即逝的情况，这时只能获得下降沿信号。图 2-31 给出了按获得下降沿信号的思路考虑的推料步动作梯形图。

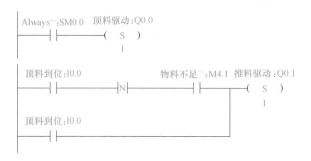

图 2-31 推料步动作梯形图

五、调试与运行

1）调整气动部分，检查气路是否正确，气压是否合理，气缸的动作速度是否合理。

2）检查磁性开关的安装位置是否到位，磁性开关工作是否正常。

3）检查 I/O 接线是否正确。

4）检查光电传感器的安装是否合理，距离设定是否合适，保证检测的可靠性。

5）运行程序，检查动作是否满足任务要求。

6）调试各种可能出现的情况，例如，在料仓工件不足的情况下，系统能否可靠工作；在料仓没有工件的情况下，能否满足控制要求。

7）优化程序。

项目测评

项目测评 2

小结与思考

1. 小结

（1）供料单元的工作过程

供料单元的安装与调试步骤：机械部件安装——气路连接及调整——电路接线——传感器调试、电路校核——编制 PLC 程序及调试。在安装机械部件时，是把供料单元分解成几个组件，首先进行组件装配，再进行总装。PLC 程序主要考虑由系统起停主流程、步进顺序控制，以及状态显示三部分组成。

YL-335B 型自动化生产线其他各工作单元的安装与调试基本与供料单元的步骤相

同，除了步进顺序控制程序外，需要考虑的因素也与供料单元类似。在后续章节中，将着重介绍不同点，尤其各工作单元的特殊点。类似部分将不再一一赘述。

（2）S7-200 SMART CPU 在运行模式切换时的复位问题

SMART CPU 有以下两种工作模式：STOP 模式和 RUN 模式。需要注意：在进行模式切换时，CPU 有关寄存器并不复位，如顺序控制继电器 S、内部标志位存储器 M 等。所以在调试程序时，若想重新开始，在清除"CPU 中的块"时需勾选"复位为出厂默认值"，或进行 CPU 断电处理，或运行程序的第 1 个扫描周期进行相关寄存器的复位。这一点与三菱 FX3U 系列 PLC 是不同的。

2. 思考题

1）当料仓中只剩下一个工件时，如何使顶料气缸不动作，而只有推料气缸动作，从而把工件推到出料台？

2）若供料控制要求改为：起动后，如果出料台上无工件，当收到请求供料信号（可用 SB2 模拟）时，才把工件推到出料台上。则控制程序该如何编写？

科技文献阅读

The feeding unit is the starting unit of YL-335B Automatic Production Line （APL）, which supplies materials （workpiece） to other units in the system. The basic function of feeding unit is to automatically push out a workpiece （raw material to be processed） from the feeding bin to the material platform, for the manipulator of the delivery unit to grab and convey it to other units. The feeding unit is shown in the following figure.

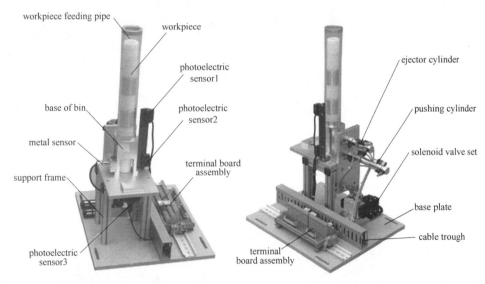

Feeding Unit

专业术语：

（1）raw material：原料

（2）feeding bin：供料料仓

（3）material platform：物料平台

（4）manipulator of the delivery unit：输送单元的机械手

（5）workpiece feeding pipe：供料管

（6）support frame：支承架

（7）photoelectric sensor：光电传感器

（8）ejector cylinder：顶料气缸

（9）pushing cylinder：推料气缸

（10）solenoid valve set：电磁阀组

（11）base plate：底座

（12）cable trough：走线槽

（13）terminal board assembly：接线端口

项目三

加工单元的安装与调试

项目目标

1. 了解直线导轨、气动手指、薄型气缸等部件的工作原理及其应用。

2. 掌握加工单元安装与调整的方法和步骤。

3. 掌握单序列步进顺序控制程序的编制方法和技巧，能在规定时间内解决运行过程中出现的常见问题。

项目描述

加工单元主要完成加工台工件的冲压加工。本项目主要考虑完成加工单元机械部件的安装、气路连接和调整、装置侧与 PLC 侧电气接线、PLC 程序的编写，最终通过机电联调实现设备总工作目标：按下起动按钮，通过气动手指、伸缩气缸，以及冲压气缸的协调动作，实现加工料台工件的冲压加工。

本项目设置了两个工作任务：①加工单元的安装；②加工单元的 PLC 控制实训。

准备知识

一、加工单元的结构和工作过程

加工单元实现把待加工工件在加工台夹紧，然后移送到加工位置，并完成对工件的冲压加工，最后把加工好的工件重新送出。

加工单元装置侧的结构如图 3-1 所示，主要组成部分包括：①滑动加工台组件，由直线导轨及滑块、固定在直线导轨滑块上的加工台（包括加工台支座、气动手指、工件夹紧器等）、伸缩气缸及其支座等构成。②加工（冲压）机构：由固定在加工（冲压）气缸支承架上的冲压气缸安装板、冲压气缸及冲压头等构成。③其他组件，如电磁阀组、接线端口、底板等。

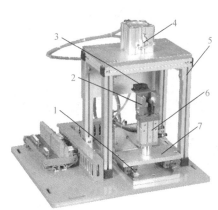
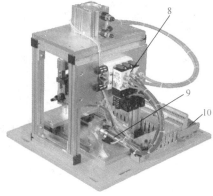

"加工过程"动画

图 3-1　加工单元装置侧结构

1—直线导轨　2—工件夹紧器　3—漫射式光电接近开关　4—冲压气缸　5—冲压气缸支承架

6—气动手指　7—加工台支座　8—电磁阀组　9—伸缩气缸　10—接线端口

1. 滑动加工台组件

　　滑动加工台组件如图 3-2 所示。它由两部分构成：一是由气动手指、工件夹紧器、E3Z-LS63 型漫射式光电接近开关和加工台支座组成的加工台，用以承载被加工工件；二是由连接到加工台支座的伸缩气缸、直线导轨及其滑块、磁性开关组成的加工台驱动机构，用以驱动加工台沿直线导轨在进料位置和加工位置之间移动。进料位置就是伸缩气缸伸出时加工台的位置，在这个位置可把待加工工件放到加工台上；伸缩气缸缩回时，加工台位于加工冲压头正下方，以便进行冲压加工，故此位置称为加工位置。进料位置和加工位置可通过伸缩气缸上两个磁性开关来检测确认。

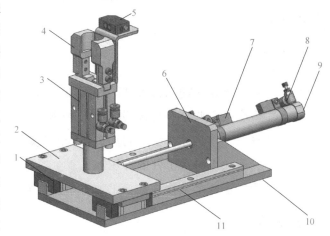

图 3-2　滑动加工台组件

1—直线导轨滑块　2—加工台支座　3—气动手指　4—工件夹紧器

5—漫射式光电接近开关　6—伸缩气缸支座　7—磁性开关2

8—磁性开关1　9—伸缩气缸　10—直线导轨底板　11—直线导轨

　　滑动加工台的初始位置为进料位置，气动手指为松开状态。当输送单元把工件送到加工台，并被漫射式光电接近开关检测到以后，滑动加工台组件在 PLC 程序的控制下执行如下工序：气动手指夹紧工件——伸缩气缸缩回，驱动加工台移动到加工位置——加工机构进行冲压加工——冲压加工完成后，伸缩气缸伸出，驱动加工台返回进料位置——到位后气动手指松开，并向系统发出加工完成信号。

2. 加工（冲压）机构

加工机构如图 3-3 所示，主要用于对工件进行冲压加工，故有时也被称为冲压机构。它主要由冲压气缸、冲压头和安装板等组成。

加工（冲压）机构的工作原理是：当工件到达加工位置（即伸缩气缸活塞杆缩回到位）时，冲压气缸伸出，对工件进行冲压加工，完成加工动作后，冲压缸缩回，为下一次冲压加工做准备。

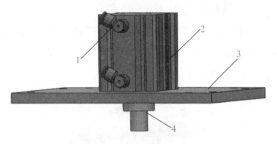

图 3-3　加工（冲压）机构
1—节流阀及快速接头　2—冲压气缸
3—安装板　4—冲压头

二、直线导轨简介

直线导轨是一种滚动导引组件，它通过钢珠在滑块与导轨之间作无限滚动循环，使得负载平台能沿着导轨做高精度直线运动，其摩擦系数可降至传统滑动导引组件的 1/50，从而达到较高的定位精度。在直线传动领域中，直线导轨副一直是关键性的部件，目前已成为各种机床、数控加工中心、精密电子机械中不可缺少的重要功能部件。

直线导轨副通常按照滚珠在导轨和滑块之间的接触牙型进行分类，主要有两列式和四列式两种。YL-335B 型自动化生产线上均选用普通级精度的两列式直线导轨副，其接触角在运动中能保持不变，刚性也比较稳定。图 3-4a 给出导轨副的截面示意图，图 3-4b 是装配好的直线导轨副。

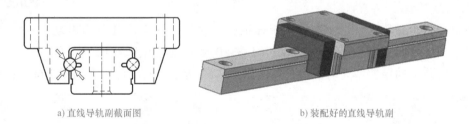

a) 直线导轨副截面图　　　　　　　　　b) 装配好的直线导轨副

图 3-4　两列式直线导轨副

安装直线导轨副时应注意：

① 要轻拿轻放，避免磕碰以影响导轨副的直线精度。

② 不要将滑块拆离导轨或超过行程后又推回去。

加工台滑动机构由两个直线导轨副和导轨构成，安装滑动机构时要注意调整两直线导轨的平行度。详细的安装方法将在"任务一　加工单元的安装"中讨论。

三、加工单元的气动元件与气动回路

加工单元所使用气动执行元件有标准直线气缸、薄型气缸和气动手指，下面介绍前面尚未提及的薄型气缸和气动手指。

1. 薄型气缸

薄型气缸如图 3-5 所示，它是一种行程较短的气缸，缸筒与无杆侧端盖铆接成一体，缸盖用弹簧挡圈固定，缸体为方形。薄型气缸可以有各种安装方式，主要用于固定夹具和搬运中固定工件。

a) 薄型气缸实物   b) 剖视图

图 3-5　薄型气缸

薄型气缸的轴向尺寸比标准气缸小得多，具有结构紧凑、重量轻、占用空间小等优点，是一种节省安装空间的气缸。YL-335B 型自动化生产线加工单元的冲压气缸、输送单元抓取机械手的提升气缸都须具备行程短和气缸轴向尺寸小的特点，因此都选用了薄型气缸。但所选的薄型气缸径向尺寸较大，因而要求进气气流有较大的压力，故所使用的气管直径比其他略大，YL-335B 型自动化生产线上气缸使用气管的直径多为 4mm，但薄型气缸使用气管的直径则为 6mm。

气爪动画

2. 气动手指（气爪）

气动手指也被称为气爪，主要用于抓取、夹紧工件。它通常分为滑动导轨型、支点开闭型和回转驱动型等。YL-335B 型自动化生产线的加工单元所使用的是滑动导轨型气动手指，具体如图 3-6a 所示，其工作原理如图 3-6b、c 所示。

回转驱动型3爪   支点开闭型2爪

滑动导轨型2爪   图形符号

a) 实物及图形符号

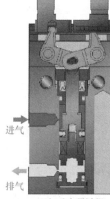
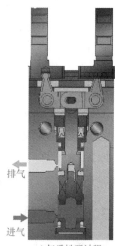

b) 气爪夹紧过程   c) 气爪松开过程

图 3-6　气动手指实物和工作原理

3. 气动控制回路

加工单元的气动控制元件均采用二位五通单电控电磁换向阀，各电磁换向阀均带有手控开关和加锁钮。它们集中安装成电磁阀组固定在冲压气缸支承架后面。

气动控制回路的工作原理如图 3-7 所示。3B1 和 3B2 为安装在冲压气缸两个极限工作位置的磁感应式接近开关，2B1 和 2B2 为安装在连接至加工台支座的伸缩气缸的两个极限工作位置的磁感应式接近开关，1B 为安装在工件夹紧气缸（即气动手指）工作位置的磁感应式接近开关。3Y、2Y 和 1Y 分别为控制冲压气缸、伸缩气缸和工件夹紧气缸的电磁阀的电磁控制端。

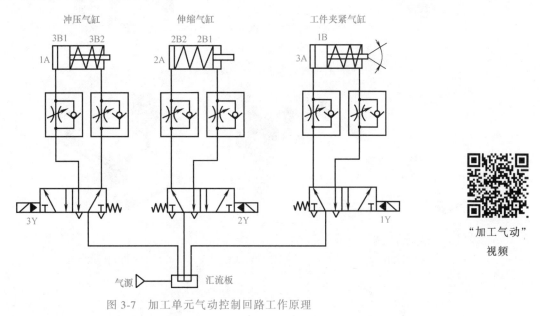

图 3-7　加工单元气动控制回路工作原理

"加工气动"
视频

任务一　加工单元的安装

一、训练目标

将加工单元的机械部分拆开成组件和零件的形式，然后再组装成原样。要求着重掌握机械设备的安装、调整方法与技巧。

二、安装步骤和方法

气路和电路连接注意事项在供料单元实训项目中已经叙述，这里着重讨论加工单元机械部分的安装、调整方法。

"加工安装"
视频

加工单元的装配过程包括两部分：一是加工机构组件的装配，二是滑动加工台组件的装配。图 3-8 是加工（冲压）机构组件的装配过程，图 3-9 是滑动加工台的装配过程。

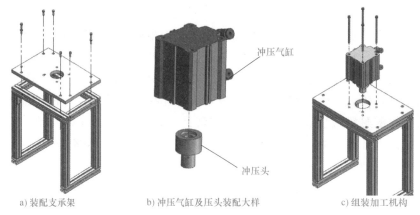

a) 装配支承架   b) 冲压气缸及压头装配大样   c) 组装加工机构

图 3-8 加工（冲压）机构组件的装配过程

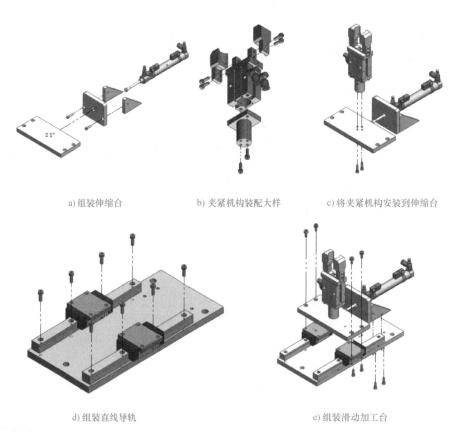

a)组装伸缩台   b)夹紧机构装配大样   c)将夹紧机构安装到伸缩台

d)组装直线导轨   e)组装滑动加工台

图 3-9 滑动加工台的装配过程

在完成以上各组件的装配后，首先将滑动加工台固定到底板上，再将加工（冲压）机构支承架安装在底板上，最后将加工（冲压）机构固定在支承架上，至此，加工单元的机械装配就完成了，如图 3-10 所示。

安装时的注意事项：

1）调整两直线导轨的平行度时，首先将加工台支座固定在两直线导轨滑块上，然后一边沿着导轨来回移动加工台支座，一边拧紧固定导轨的螺栓。

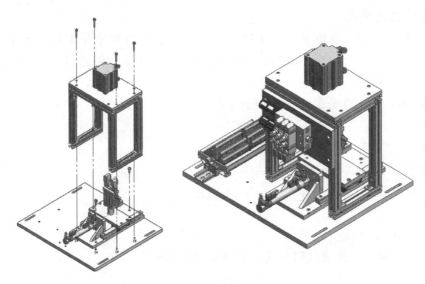

图 3-10　加工单元组装过程

2）如果加工（冲压）机构组件的冲压头和加工台上工件的中心没有对正，则可以通过调整伸缩气缸活塞杆端部旋入加工台支座连接螺孔的深度进行校正。

三、问题与思考

1）按上述方法装配完成后，若直线导轨的运动依旧不是特别顺畅，应对物料夹紧及运动送料部分做何调整？

2）安装完成后，运行时间不长便造成物料夹紧及运动送料部分的直线气缸密封受损，试想该故障是由哪些原因造成的？

任务二　加工单元的 PLC 控制实训

一、工作任务

本任务只考虑加工单元作为独立设备运行时的情况，加工单元的按钮/指示灯模块上的工作方式选择开关应置于"单站方式"位置（左）。具体的控制要求如下：

1）设备上电且气源接通后，若伸缩气缸处于伸出位置，加工台气动手指为松开状态，冲压气缸处于缩回位置，急停按钮没有按下，加工台上无工件，则表示设备准备好，"正常工作"指示灯 HL1 常亮；否则，该指示灯以 1Hz 的频率闪烁。

2）若设备准备好，按下起动按钮 SB1，加工单元起动，"设备运行"指示灯 HL2 常亮。当待加工工件被送到加工台上并被检测到后，设备执行加工工序，即气动手指将工件夹紧，送往加工位置进行冲压，冲压完成后，加工台返回进料位置。已加工工件被取出后，如果没有停止信号输入，当再有待加工工件被送到加工台上时，加工单元又开始下一周期工作。

3）在工作过程中，若按下停止按钮 SB2，加工单元将在完成本周期的动作后停止工作，指示灯 HL2 熄灭。

4）在工作过程中，当按下急停按钮时，本单元所有机构停止工作，指示灯 HL2 以 1Hz 的频率闪烁。解除急停后，加工单元从急停前的断点开始继续运行，HL2 恢复常亮。

要求完成如下任务：

① 规划 PLC 的 I/O 分配及接线端子分配。

② 进行系统安装接线和气路连接。

③ 编制 PLC 程序。

④ 对程序进行调试与运行。

二、PLC 的 I/O 分配及系统安装接线

1. 装置侧接线端口

加工单元装置侧接线端口信号端子的分配见表 3-1。

表 3-1　加工单元装置侧的接线端口信号端子的分配

输入端口中间层			输出端口中间层		
端子号	设备符号	信号线	端子号	设备符号	信号线
2	BG1	加工台物料检测	2	1Y	夹紧电磁阀
3	1B	工件夹紧检测	3	—	
4	2B1	加工台伸出到位	4	2Y	伸缩电磁阀
5	2B2	加工台缩回到位	5	3Y	冲压电磁阀
6	3B1	加工冲压头上限			
7	3B2	加工冲压头下限			
8#~17#端子没有连接			6#~14#端子没有连接		

2. PLC 控制电路设计

选用 S7-200 SMART 系列的 CPU SR40 主单元，共 24 点输入和 16 点继电器输出。PLC 的 I/O 信号分配见表 3-2，接线原理如图 3-11 所示。

表 3-2　加工单元 PLC 的 I/O 信号分配

输入信号				输出信号			
序号	PLC 输入点	信号名称	信号来源	序号	PLC 输出点	信号名称	信号来源
1	I0.0	加工台物料检测（BG1）	装置侧	1	Q0.0	夹紧电磁阀（1Y）	装置侧
2	I0.1	工件夹紧检测（1B）		2	Q0.1	伸缩电磁阀（2Y）	
3	I0.2	加工台伸出到位（2B1）		3	Q0.2	冲压电磁阀（3Y）	
4	I0.3	加工台缩回到位（2B2）		4			
5	I0.4	加工冲压上限（3B1）		5			
6	I0.5	加工冲压下限（3B2）		6			
7	I1.2	起动按钮（SB1）	按钮/指示灯模块	7	Q0.7	正常工作（HL1）	按钮/指示灯模块
8	I1.3	停止按钮（SB2）		8	Q1.0	设备运行（HL2）	
9	I1.4	急停按钮（QS）		9	Q1.1	设备故障（HL3）	
10	I1.5	单站/联机（SA）					

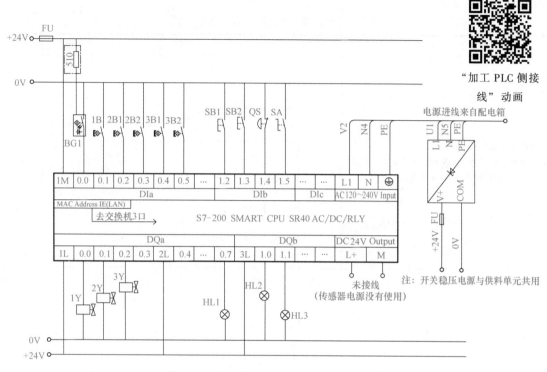

"加工 PLC 侧接线"动画

图 3-11　加工单元 PLC 的 I/O 接线原理图

3. 电气接线和校核、传感器的调试

1）电气接线的工艺应符合有关专业规范的规定。接线完毕，应借助 PLC 编程软件的状态监控功能校核接线的正确性，校核方法见表 2-3。

2）电气接线完成后，应仔细调整各磁性开关的安装位置，仔细调整加工台的 E3Z-LS63 型漫射式光电接近开关的设定距离，宜用黑色工件进行测试。

三、编写和调试 PLC 控制程序

加工单元工作流程与供料单元类似，也是 PLC 上电后首先进入初始状态校核阶段，确认系统已经准备就绪后，才允许接收起动信号投入运行。系统起停部分程序的编制，请读者自行完成。下面只对加工过程步进顺序控制及状态显示部分的编程思路加以说明。

1. 加工过程步进顺序控制的编程思路

加工过程是一个单序列的步进过程，其工作流程如图 3-12 所示。初始步在上电初始化时被 SM0.1 置位，系统未进入运行状态前，即运行状态标志未置位前，系统一直处于等待状态。

根据图 3-12 所示的工作流程图编制的步进顺序控制

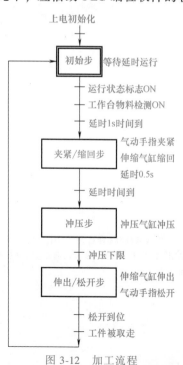

图 3-12　加工流程

编程步骤见表3-3。

表 3-3　加工过程步进顺序控制编程步骤

编程步骤	梯形图
①初始步 系统运行标志为 ON 时,如果加工台检测有工件,则延时 1s 后进入夹紧/缩回步	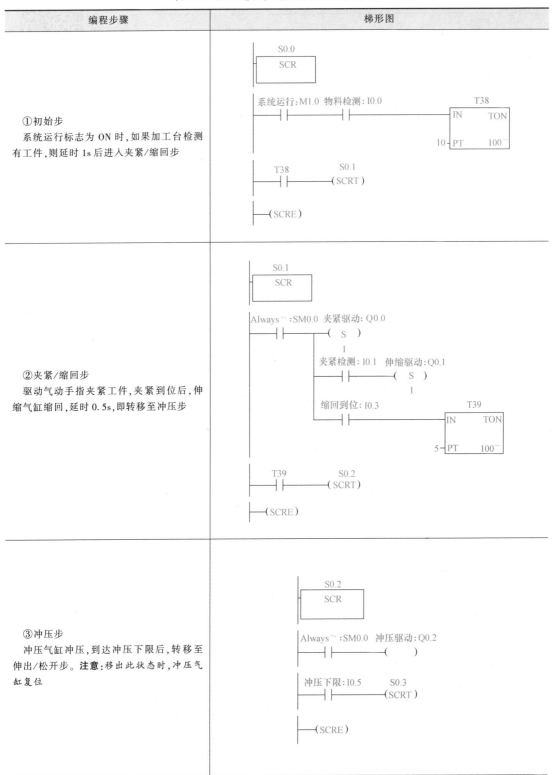
②夹紧/缩回步 驱动气动手指夹紧工件,夹紧到位后,伸缩气缸缩回,延时 0.5s,即转移至冲压步	
③冲压步 冲压气缸冲压,到达冲压下限后,转移至伸出/松开步。注意:移出此状态时,冲压气缸复位	

（续）

编程步骤	梯形图
④伸出/松开步 当冲压气缸位于上限时,伸缩气缸伸出,伸出到位后,气动手指松开 当气动手指松开到位,工作台工件被取走时,返回初始步	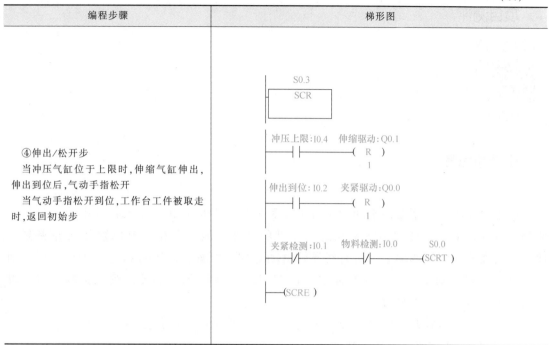

冲压步需要注意：若冲压加工不到位，芯件不能完全嵌入杯形工件中，产生的加工次品被送往分拣单元分拣时，就会出现被传感器卡住的故障。产生次品的原因：一是检测冲压头下限的磁性开关位置未调整好，二是冲压头到位信号动作后，没有设置适当的延时。后者可在程序中加定时中断子程序解决。

2. 急停及状态显示的编程思路

系统运行时，若按下急停按钮，加工工作过程应立即停止，这可以通过在主程序MAIN 中有条件调用"加工控制"子程序实现，具体如图 3-13 所示。

图 3-13　加工急停

若系统未就绪，或急停按钮被按下时，涉及 HL1 与 HL2 的"状态显示"子程序编程如图 3-14 所示。主程序要调用此子程序，具体如图 3-15 所示。

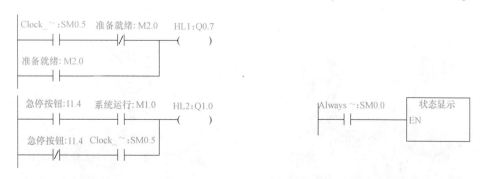

图 3-14　"状态显示"子程序

图 3-15　主程序调用"状态显示"子程序

项目测评

项目测评 3

小结与思考

1. 小结

加工单元的结构主要由滑动加工台组件和加工（冲压）机构组成，其中前者是核心部分。滑动加工台实现的是夹紧和运送工件的功能：加工台在进料位置装入并夹紧工件，然后在伸缩气缸的驱动下沿直线导轨滑动到加工位置；加工台到达加工位置后，加工（冲压）机构对工件进行冲压加工；完成冲压加工后，加工台重新返回进料位置，以便输送单元将已加工工件取出。

为了使加工台顺畅地沿直线导轨滑动，安装滑动加工台组件必须注意：

1）应仔细调整两道直线导轨的平行度。

2）仔细调整伸缩气缸支座的安装位置，确保气缸活塞杆连接加工台支座时活塞杆与直线导轨平行且无扭曲变形，伸出与缩回时动作顺畅无卡滞。

2. 思考题

YL-335B型自动化生产线在联机运行时，加工台的工件是由输送单元机械手放置的。加工过程步进程序须在机械手缩回到位，发出进料完成信号以后起动。请用按钮SB2模拟输送单元发来的进料完成信号，编写加工单元的单站运行程序。

科技文献阅读

The function of the machining unit is to clamp the workpiece on the machining table and

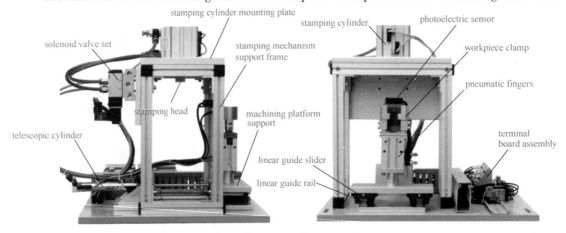

Processing Unit

move it to the machining position under the stamping cylinder to be processed. After finishing the stamping process of the workpiece, the processed workpiece is moverd back to the original feeding position. The structure of the processing unit is shown in the following figure.

专业术语：

（1） telescopic cylinder：伸缩气缸

（2） stamping cylinder：冲压气缸

（3） stamping head：冲压头

（4） stamping cylinder mounting plate：冲压气缸安装板

（5） stamping mechanism support frame：冲压装置支承架

（6） machining platform bearing：加工台支座

（7） workpiece clamp：工件夹紧器

（8） pneumatic fingers：气动手指

（9） linear guide rail：直线导轨

（10） linear guide slider：直线导轨滑块

项目四

装配单元的安装与调试

项目目标

1. 了解摆动气缸和导向气缸的工作原理，熟练掌握它们的安装及调整方法。

2. 掌握光纤传感器的结构、特点及电气接口特性，能在自动化生产线中对其进行正确的安装和调定。

3. 掌握分支步进顺序控制程序的编制方法和技巧。

4. 能在规定时间内完成装配单元的安装和调整，进行程序设计和调试，并能解决安装与运行过程中出现的常见问题。

项目描述

装配单元在 YL-335B 型自动化生产线中起着芯件装配的重要作用。根据实际安装与调试工作过程，本项目主要考虑完成装配单元机械部件的安装、气路连接和调整、装置侧与 PLC 侧电气接线、PLC 程序的编写，最终通过机电联调实现设备总工作目标：按下起动按钮，通过落料机构落料、摆动气缸回转、装配机械手装配，从而完成将芯件嵌入装配台上外壳工件的装配工作。按下停止按钮，系统完成当前装配周期后停止。

本项目设置了两个工作任务：①装配单元的安装与调试；②装配单元的 PLC 控制实训。

准备知识

一、装配单元的结构和工作过程

装配单元的功能是将该单元料仓内的小圆柱芯件嵌入装配台料斗中待装配工件中的装配过程，该单元装置侧的结构如图 4-1 所示。

装配单元装置侧的结构包括：①供料组件，主要包括储料装置及落料机构。储料装置包括管形料仓及料仓底座；落料机构由顶料气缸和挡料气缸及支承板组成。②回转物料台，主要由料盘及支承板、摆动气缸组成。③装配机械手，主要由伸缩气缸、升降气缸、气动手指及夹紧器等组成。④其他附件，主要包括铝型材支架及底板、气动系统及电磁阀组、传感器及其安装支架、警示灯以及接线端口等。

"装配过程"动画

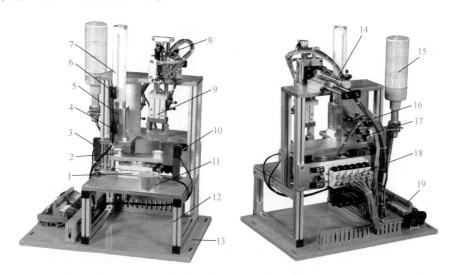

图 4-1 装配单元装置侧结构

1—摆动气缸　2—料盘及支承板　3—光电接近开关3　4—光电接近开关2　5—料仓底座　6—光电接近开关1
7—管形料仓　8—升降气缸　9—气动手指及夹紧器　10—光电接近开关4　11—装配台　12—铝型材支架
13—底板　14—伸缩气缸　15—警示灯　16—顶料气缸　17—挡料气缸　18—电磁阀组　19—接线端口

1. 管形料仓

管形料仓用来存储装配用的金属、黑色和白色小圆柱芯件。它由塑料圆管和中空底座构成，塑料圆管顶端配置加强金属环，以防止破损。芯件竖直放入管形料仓内，由于管形料仓外径稍大于芯件外径，故芯件能在重力作用下自由下落。

为了能在料仓供料不足和缺料时报警，在管形料仓底部和底座处分别安装了两个 E3Z-LS63 型光电接近开关，并在管形料仓及底座的前后侧纵向铣槽，以使光电接近开关的红外光斑能可靠地照射到被检测的物料上。

2. 落料机构

图 4-2 给出了落料机构示意图。图中，料仓底座的背面安装了两个直线气缸。上面的气缸称为顶料气缸，下面的气缸称为挡料气缸。

系统气源接通后，落料机构位于初始位置：顶料气缸处于缩回状态，挡料气缸处于伸出状态。这样，当从料仓进料口放下芯件时，芯件将被挡料气缸活塞杆终端的挡块阻挡而不能落下。

需要进行供料操作时，首先使顶料气缸伸出，顶住第二层芯件，然后挡料气缸缩回，第一层芯件掉入回转物料台的料盘中；之后挡料气缸复位伸出，顶料气缸缩回，原第二层芯件落到挡料气缸终端挡块上，成为新的第一层芯件，为再一次供料做好准备。

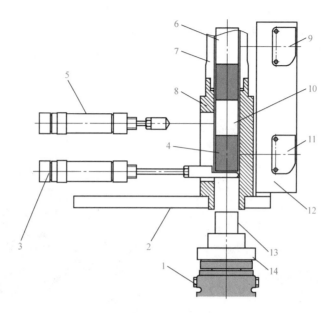

图 4-2　落料机构示意图

1—摆动气缸　2—料仓固定底板　3—挡料气缸　4—第一层芯件　5—顶料气缸　6—第四层芯件　7—管形料仓
8—料仓底座　9—光电接近开关1　10—料仓中的芯件　11—光电接近开关2　12—光电
近开关支承板　13—已供出的芯件　14—料盘及支承板

3. 回转物料台

如图 4-3 所示，回转物料台主要由摆动气缸、料盘支承板及固定在其上的两个料盘

组成。摆动气缸能驱动料盘支承板旋转180°，使两个料盘在料仓正下方和装配机械手正下方两个位置往复回转，从而实现把从供料机构落到料盘的芯件转移到装配机械手正下方的功能。

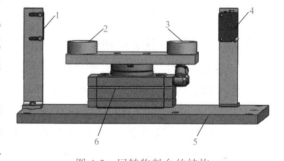

图 4-3 中的光电接近开关 3 和光电接近开关 4 分别用来检测料盘 1 和料盘 2 是否有芯件。两个光电接近开关均选用 E3Z-LS63 型光电接近开关。

图 4-3　回转物料台的结构

1—光电接近开关3　2—料盘1　3—料盘2　4—光电
接近开关4　5—装配台底板　6—摆动气缸

4. 装配机械手

装配机械手是整个装配单元的核心。

当装配机械手正下方的回转物料台料盘 2 上有小圆柱芯件，且装配台侧面的光纤传感器检测到装配台上有待装配工件的情况下，装配机械手将从初始状态开始执行装配操作过程。

装配机械手是一个三维运动的机构，如图 4-4 所示，它由水平方向移动和垂直方向移动的两个导向气缸和气动手指组成。其中，伸缩气缸构成机械手的手臂，气动手指和夹紧器构成机械手的手爪。

装配操作的步骤如下：

1）手爪下降：PLC 驱动升降气缸电磁阀，升降气缸驱动气动手指向下移动，到位后，气动手指驱动夹紧器夹紧芯件，并将夹紧信号通过磁性开关传送给 PLC。

2）手爪上升：在 PLC 的控制下，升降气缸复位，被夹紧的芯件随气动手指一并被提起。

3）手臂伸出：手爪上升到位后，PLC 驱动伸缩气缸电磁阀，伸缩气缸的活塞杆伸出。

4）手爪下降：手臂伸出到位后，升降气缸再次被驱动下移，到位后气动手指松开，将芯件嵌入装配台上待装配的工件内。

5）经短暂延时，升降气缸和伸缩气缸先后缩回，装配机械手恢复初始状态。

在整个机械手动作过程中，除气动手指松开到位无传感器检测外，其余动作的到位信号检测均由与气缸配套的磁性开关完成，并将采集到的信号输入 PLC，由 PLC 输出驱动电磁阀换向的信号，从而使机械手按程序自动地运行。

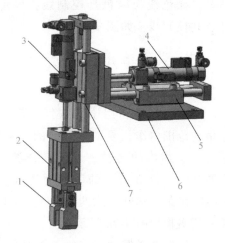

图 4-4　装配机械手的结构

1—夹紧器　2—气动手指　3—升降气缸
4—伸缩气缸　5—伸缩气缸导向装置
6—组件支承板　7—升降气缸导向装置

5. 装配台

输送单元运送来的待装配工件直接放置在装配台上，由装配台定位孔实现定位，从而完成准确的装配动作。装配台与回转物料台组件共用支承板，如图 4-5a 所示。

为了确定装配台内是否放置了待装配工件，使用了光纤传感器进行检测。装配台的侧面开有一个 M6 的螺孔，光纤传感器的光纤头就固定在螺孔内，如图 4-5b 所示。

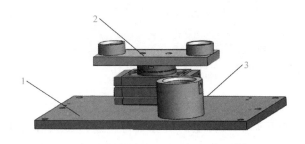

a）装配台和回转物料台

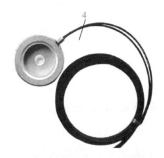

b）光纤头与装配台的连接

图 4-5　装配台及支承板

1—支承板　2—回转物料台组件　3—装配台　4—光纤及光纤头

6. 警示灯

本工作单元上安装有红、橙、绿三色警示灯，作为整个系统警示用。警示灯有五根引出线，其中，绿-黄双色导线是接地线；红色线为红色灯控制线；黄色线为橙色灯控

制线；绿色线为绿色灯控制线；黑色线为信号
灯公共控制线，如图 4-6 所示。

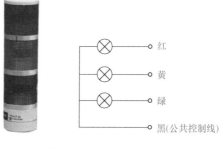

图 4-6　警示灯及其接线

二、装配单元的气动元件与气动回路

1. 摆动气缸

摆动气缸是利用压缩空气驱动输出轴在一
定角度范围内作往复回转运动的气动执行元件，
主要用于物体的转位、翻转、分类、夹紧、阀
门的开闭以及机器人的手臂动作等。摆动气缸
有齿轮齿条式和叶片式两种类型，YL-335B 型自动化生产线上所使用的都是齿轮齿条
式，其实物如图 4-7a 所示。

齿轮齿条式摆动气缸的工作原理示意图如图 4-7b 所示。空气压力推
动活塞带动齿条作直线运动，齿条推动齿轮作回转运动，由齿轮轴输出
转矩并带动负载摆动。摆动平台是在转轴上安装的一个平台，该平台可
在一定角度范围内回转。齿轮齿条式摆动气缸的图形符号如图 4-7c 所示。

摆动气缸动画

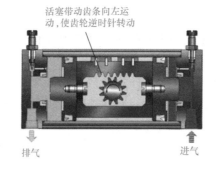

活塞带动齿条向左运
动,使齿轮逆时针转动

排气　　　　　　　　进气

a) 实物　　　　　　　　　b) 工作原理示意图　　　　　　　　c) 图形符号

图 4-7　齿轮齿条式摆动气缸
1—摆动平台　2—基体　3—磁性开关

装配单元的摆动气缸的摆动回转角度能在 0～180° 内任意调整。当需要调节回转角
度或调整摆动位置的精度时，应首先松开调节螺杆上的反扣螺母，通过旋入和旋出调节
螺杆改变摆动平台的回转角度，调节螺杆 1 和调节螺杆 2 分别用于左旋和右旋角度的调
整。当调整好回转角度后，应将反扣螺母与基体反扣锁紧，以防止调节螺杆松动，造成
回转精度降低。摆动角度调整示意如图 4-8 所示。

回转到位信号是通过调整摆动气缸滑轨内的两个磁性开关的位置实现的，图 4-9 是
调整磁性开关位置的示意图。磁性开关安装在气缸体的滑轨内，松开磁性开关的紧定螺
钉，磁性开关即可沿着滑轨左右移动。确定磁性开关位置后，旋紧紧定螺钉，即完成磁
性开关位置的调整。

图 4-8 摆动角度调整示意图
1—调节螺杆 1 2—调节螺杆 2

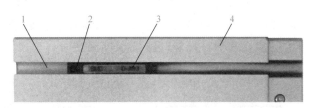

图 4-9 磁性开关位置调整示意图
1—滑轨 2—紧定螺钉 3—磁性开关 4—气缸体

2. 导向气缸

导向气缸是指具有导向功能的气缸,一般用于要求抗扭转力矩、承载能力强、工作平稳的场合,其导向结构有图 4-10 所示的两种类型。

导杆气缸动画　　导向气缸动画

 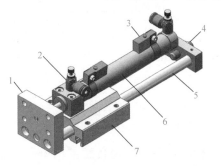

a) 一体化的带导杆气缸　　　　b) 用标准气缸和导向装置构成的导向气缸

图 4-10 导向气缸
1—连接件安装板 2—节流阀 3—磁性开关 4—行程调节螺栓 5—导杆 6—直线气缸 7—安装支座

1) 带导杆气缸:将与活塞杆平行的两根导杆与气缸组成一体,具有结构紧凑、导向精度高的特点。YL-335B 型自动化生产线的输送单元中手臂伸缩气缸就是这种结构。

2) 导向气缸:为标准气缸和导向装置的集合体。YL-335B 型自动化生产线的装配单元用于驱动装配机械手水平方向移动和竖直方向移动的气缸就采用了这种结构,其结构说明如下。

① 安装支座用于导杆导向件的安装和导向气缸整体的固定。连接件安装板用于固定其他需要连接到该导向气缸上的部件,并将两导杆和直线气缸活塞杆的相对位置固定,当直线气缸的一端接通压缩空气后,活塞被驱动做直线运动,活塞杆也一起移动,被连接件安装板固定到一起的两导杆也随着活塞杆伸出或缩回,从而实现导向气缸的整体功能。

② 安装在导杆末端的行程调整板用于调整该导杆气缸的伸出行程。具体调整方法是松开行程调整板上的锁定螺母,然后旋动行程调节螺栓,让行程调整板在导杆上移动,

当达到目标伸出距离后，再完全锁紧锁定螺母，从而完成行程的调节。

3. 气动控制回路

装配单元的电磁阀组由六个二位五通单电控电磁换向阀组成，气动控制回路如图 4-11 所示。在进行气动控制回路连接时，请注意各气缸的初始位置。其中，挡料气缸位于伸出位置，升降气缸位于升起位置。

"装配气动"视频

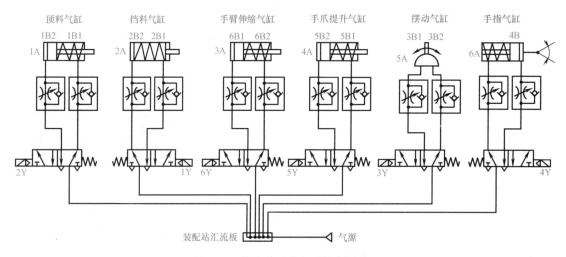

图 4-11　装配单元的气动控制回路

三、认知光纤传感器

光纤传感器也是光电传感器的一种，它主要由光纤单元和放大器两部分组成。其工作原理示意图如图 4-12 所示。投光器和受光器均在放大器内，投光器发出的光线通过一条光纤内部从端面（光纤头）以约 60°的角度扩散，照射到被检测物体上；同样，反射回来的光线通过另一条光纤的内部回送到受光器。

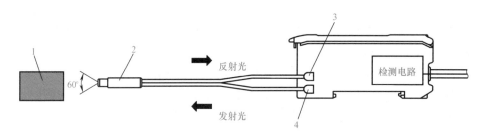

图 4-12　光纤传感器工作原理示意图
1—被检测物体　2—光纤头　3—受光器　4—投光器

由于光纤传感器的检测部（光纤）中完全没有电气部分，所以抗干扰等适应环境性能良好，并且具有光纤头可安装在窄小空间、传输距离远、使用寿命长等优点。

光纤传感器是一种精密器件，使用时务必注意它的安装和拆卸方法。下面以 YL-335B 型自动化生产线上使用的 E3Z-NA11 型光纤传感器的安装和拆卸过程为例进行说明。

（1）放大器的安装和拆卸

图 4-13 给出一个放大器的安装过程。拆卸时，过程与此相反。**注意**：在连接好光纤的状态下，请不要从 DIN 导轨上拆卸放大器。

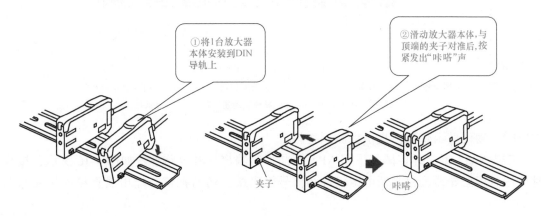

图 4-13　放大器的安装过程

（2）光纤的安装和拆卸

图 4-14 所示为光纤的安装和拆卸示意图。**注意**：安装或拆卸时，一定要切断电源。

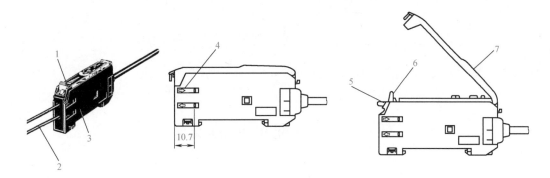

图 4-14　光纤的安装和拆卸示意图

1—固定按钮　2—光纤　3—光纤插入位置记号　4—插入位置　5—固定状态　6—固定解除状态　7—保护罩

1）安装光纤：抬起保护罩，提起固定按钮，将光纤顺着放大器侧面的插入位置记号插入，然后放下固定按钮。

2）拆卸光纤：抬起保护罩，提起固定按钮便可以将光纤取下来。

光纤传感器的放大器灵敏度调节范围较大。当光纤传感器灵敏度调得较低时，对于反射性较差的黑色物体，光纤头无法接收到反射信号；而对于反射性较好的白色物体，光纤头就可以接收到反射信号。反之，当光纤传感器灵敏度调得较高时，即使对于反射性较差的黑色物体，光纤头也可以接收到反射信号。

图 4-15 给出了放大器的俯视图，调节 8 挡灵敏度旋钮可对放大器进行灵敏度调节（顺时针旋转灵敏度增高）。调节时，会看到入光量显示灯发光的变化。当光纤头检测到

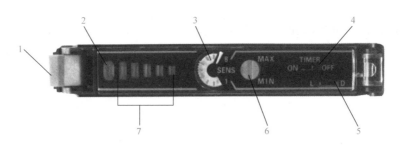

图 4-15　放大器单元的俯视图

1—锁定拨杆　2—动作显示灯（橙色）　3—灵敏度旋钮指示器　4—定时功能切换开关

5—动作模式切换开关　6—8 挡灵敏度旋钮　7—入光量显示灯

物料时，动作显示灯亮，提示检测到物料。

　　E3Z-NA11 型光纤传感器采用 NPN 型晶体管输出，其电路框图如图 4-16 所示，接线时请注意根据导线颜色判断电源极性和信号输出线，切勿把信号输出线直接连接到电源 +24V 端。

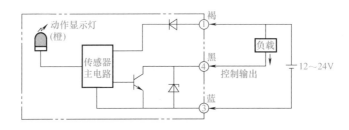

图 4-16　E3Z-NA11 型光纤传感器电路框图

任务一　装配单元的安装

一、安装前的准备工作

　　在 YL-335B 型自动化生产线中，装配单元是机械零部件、气动元器件最多的工作单元，其设备安装和调整也比较复杂，例如，摆动气缸的初始位置和摆动角度如果不能满足工作要求，安装后将不能正常工作。因此，应养成良好的工作习惯并进行规范的操作。

二、安装步骤和方法

1. 机械部分安装

　　装配单元各组件包括：①供料操作组件；②供料料仓；③回转机构及装配台；④装配机械手组件；⑤工作单元支承组件。表 4-1 给出了各组件的装配过程。

"装配安装"视频

表 4-1　各组件的装配过程

组件名称及外观	组件装配过程
供料操作组件	
供料料仓	
回转机构及装配台	
装配机械手组件	

（续）

组件名称及外观	组件装配过程
装配单元支承组件	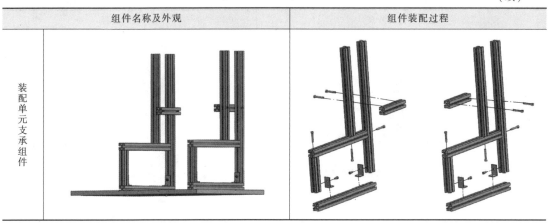

注：左右支承架装配完毕后，再安装到底板上。

完成以上组件的装配后，按表 4-2 的顺序进行总装。

表 4-2　装配单元总装配步骤

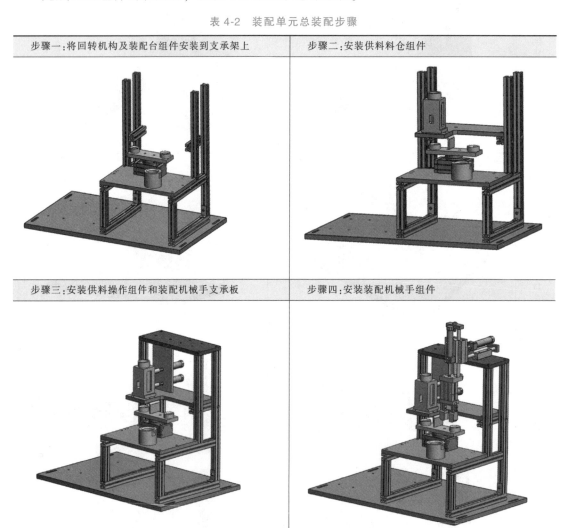

步骤一：将回转机构及装配台组件安装到支承架上	步骤二：安装供料料仓组件
步骤三：安装供料操作组件和装配机械手支承板	步骤四：安装装配机械手组件

安装过程中，须注意下列事项。

1）预留螺栓的数量一定要足够，以免造成组件之间不能完成安装。

2）建议先将各组件大体安装到位，不要一次拧紧各固定螺栓，待相互位置基本确定后，再依次对各组件进行调整固定。

3）装配工作完成后，须进一步校验和调整。例如，再次校验摆动气缸的初始位置和摆动角度；校验和调整机械手垂直方向移动的行程调节螺栓，使之在下限位位置能可靠抓取工件；调整水平方向移动的行程调节螺栓，使之能准确移动到装配台正上方进行装配工作。

4）最后，装上管形料仓，安装电磁阀组、警示灯、传感器等。至此，机械部分装配完成。

2. 气路连接和调整

图 4-11 已给出装配单元的气动控制回路图。连接气路时，应注意挡料气缸 2A 的初始位置是活塞杆位于伸出位置，保证料仓内的芯件被挡住，不能落下。

装配单元的气动系统是 YL-335B 型自动化生产线中使用气动元件最多的工作单元，因此用于气路连接的气管数量也多。连接气路前，应尽可能对各段气管的长度做好规划，然后按照所要求的规范连接气路。

3. 装置侧的电气接线

装置侧电气接线包括各传感器、电磁阀、电源端子等引线到装置侧接线端口之间的接线。装配单元装置侧的接线端口信号端子的分配见表 4-3。

表 4-3　装配单元装置侧的接线端口信号端子的分配

输入端口中间层			输出端口中间层		
端子号	设备符号	信号线	端子号	设备符号	信号线
2	BG1	芯件不足检测	2	1Y	挡料电磁阀
3	BG2	芯件有无检测	3	2Y	顶料电磁阀
4	BG3	左料盘芯件检测	4	3Y	回转电磁阀
5	BG4	右料盘芯件检测	5	4Y	手爪夹紧电磁阀
6	BG5	装配台工件检测	6	5Y	手爪下降电磁阀
7	1B1	顶料到位检测	7	6Y	手臂伸出电磁阀
8	1B2	顶料复位检测	8	AL1	红色警示灯
9	2B1	挡料状态检测	9	AL2	橙色警示灯
10	2B2	落料状态检测	10	AL3	绿色警示灯
11	3B1	摆动气缸左限位检测			
12	3B2	摆动气缸右限位检测			
13	4B	手爪夹紧检测			
14	5B1	手爪下降到位检测			
15	5B2	手爪上升到位检测			
16	6B1	手臂缩回到位检测			
17	6B2	手臂伸出到位检测			

任务二　装配单元的 PLC 控制实训

一、工作任务

装配单元单站运行时，工作的主令信号和工作状态显示信号来自 PLC 旁边的按钮/指示灯模块，并且按钮/指示灯模块上的工作方式选择开关 SA 应置于"单站方式"位置。具体的控制要求如下。

1）装配单元各气缸的初始位置：挡料气缸位于伸出位置，顶料气缸位于缩回位置（料仓内有足够的小圆柱芯件）；装配机械手的升降气缸位于提升（缩回）位置，伸缩气缸位于缩回位置，气爪处于松开状态。

设备通电且气源接通后，若各气缸满足初始位置要求，且料仓内有足够的小圆柱芯件，则"正常工作"指示灯 HL1 常亮，表示设备已经准备好。否则，该指示灯以 1Hz 的频率闪烁。

2）若设备已经准备好，按下起动按钮 SB1，装配单元起动，"设备运行"指示灯 HL2 常亮。如果回转物料台上的料盘 1 内没有小圆柱芯件，则执行供料操作；如果料盘 1 内有小圆柱芯件，而料盘 2 内没有，则执行回转台回转操作。

3）如果回转物料台上的料盘 2 内有小圆柱芯件且装配台上有待装配工件，则装配机械手将抓取小圆柱芯件并将其嵌入待装配工件中。

4）完成装配任务后，装配机械手返回初始位置，等待下一次装配。

5）若在运行过程中按下停止按钮 SB2，供料机构应立即停止供料。在满足装配条件的情况下，装配单元将在完成本次装配后停止工作。

6）若在工作过程中料仓内芯件不足，装配单元仍会继续工作，但设备运行指示灯 HL2 以 1Hz 的频率闪烁，正常工作指示灯 HL1 保持常亮。若出现缺料故障（料仓无料、料盘无料），则 HL1 和 HL2 均以 1Hz 的频率闪烁，装配单元在完成本周期任务后停止，当向料仓补充足够的芯件后才能再次起动。

二、PLC 控制电路的设计

1. 规划 PLC 的 I/O 分配

根据装配单元装置侧的 I/O 信号分配（表 4-3）和工作任务的要求，装配单元 PLC 选用 S7-200 SMART 系列的 CPU SR40，共 24 点输入和 16 点继电器输出。PLC 的 I/O 信号分配见表 4-4。

2. PLC 控制电路图的绘制及说明

"装配 PLC 侧接线"动画

按照所规划的 I/O 信号分配以及所选用的传感器类型，绘制的 PLC 接线原理图如图 4-17 所示。

表 4-4　装配单元 PLC 的 I/O 信号分配

输入信号				输出信号			
序号	PLC 输入点	信号名称	信号 来源	序号	PLC 输出点	信号名称	信号 来源
1	I0.0	芯件不足检测（BG1）	装置侧	1	Q0.0	挡料电磁阀（1Y）	装置侧
2	I0.1	芯件有无检测（BG2）		2	Q0.1	顶料电磁阀（2Y）	
3	I0.2	料盘 1 芯件检测（BG3）		3	Q0.2	回转电磁阀（3Y）	
4	I0.3	料盘 2 芯件检测（BG4）		4	Q0.3	手爪夹紧电磁阀（4Y）	
5	I0.4	装配台工件检测（BG5）		5	Q0.4	手爪下降电磁阀（5Y）	
6	I0.5	顶料到位检测（1B1）		6	Q0.5	手臂伸出电磁阀（6Y）	
7	I0.6	顶料复位检测（1B2）		7	Q0.6		
8	I0.7	挡料状态检测（2B1）		8	Q0.7		
9	I1.0	落料状态检测（2B2）		9	Q1.0	红色警示灯 AL1	
10	I1.1	摆动气缸左限位检测（3B1）		10	Q1.1	橙色警示灯 AL2	
11	I1.2	摆动气缸右限位检测（3B2）		11	Q1.2	绿色警示灯 AL3	
12	I1.3	手爪夹紧检测（4B）		12	Q1.3		
13	I1.4	手爪下降到位检测（5B1）		13	Q1.4		
14	I1.5	手爪上升到位检测（5B2）		14	Q1.5	正常工作指示灯 HL1	按钮/指示 灯模块
15	I1.6	手臂缩回到位检测（6B1）		15	Q1.6	设备运行指示灯 HL2	
16	I1.7	手臂伸出到位检测（6B2）		16	Q1.7	设备故障指示灯 HL3	
17	I2.4	起动按钮（SB1）	按钮/ 指示灯 模块				
18	I2.5	停止按钮（SB2）					
19	I2.6	急停按钮（QS）					
20	I2.7	单机/联机（SA）					

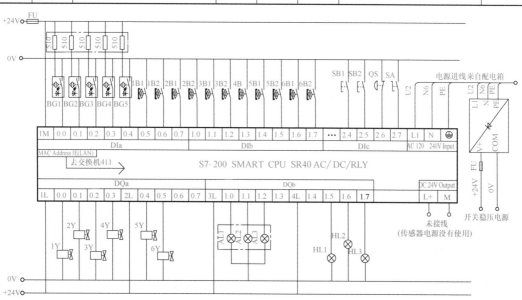

图 4-17　装配单元 PLC 的 I/O 接线原理图

三、编写和调试 PLC 控制程序

1. 装配单元的主要工作过程

装配单元的工作过程包括两个相互独立的子过程，一个是供料子过程，另一个是装配子过程。供料子过程是将小圆柱芯件从料仓转移到回转物料台的料盘中，然后通过回转物料台的回转使小圆柱芯件转移到装配机械手手爪下方的过程；装配子过程则是装配机械手手爪抓取其正下方的小圆柱芯件，然后将其送往装配台，将小圆柱芯件嵌入待装配工件的过程。

两个子过程都是步进顺序控制，且各自独立，如图 4-18 所示。它们的初始步均应在 PLC 上电时置位（SM0.1 ON）。各自独立性体现在：每一子过程位于其初始步时，当其起动条件及就绪条件满足后，即转移到下一步，由此开始本序列的步进过程；某一子过程结束后，不需要等待另一子过程的结束，即可返回其初始步；如果条件满足，又开始下一个工作周期。

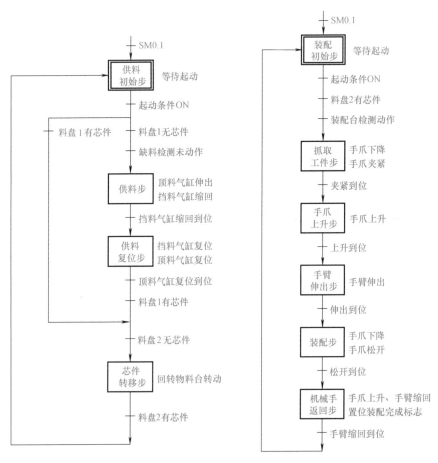

图 4-18 装配单元主控过程的工作流程

（1）供料子过程

供料子过程是具有跳转分支的步进顺序控制过程，包含供料和芯件转移两个阶段，其编程步骤见表 4-5。

表 4-5　供料子过程编程步骤

编程步骤	梯形图
①供料初始步 系统处于运行状态时:如果料盘 1 无料,料仓有料,则进行供料操作;如果料盘 1 有料,料盘 2 无料,则跳转至芯件转移步	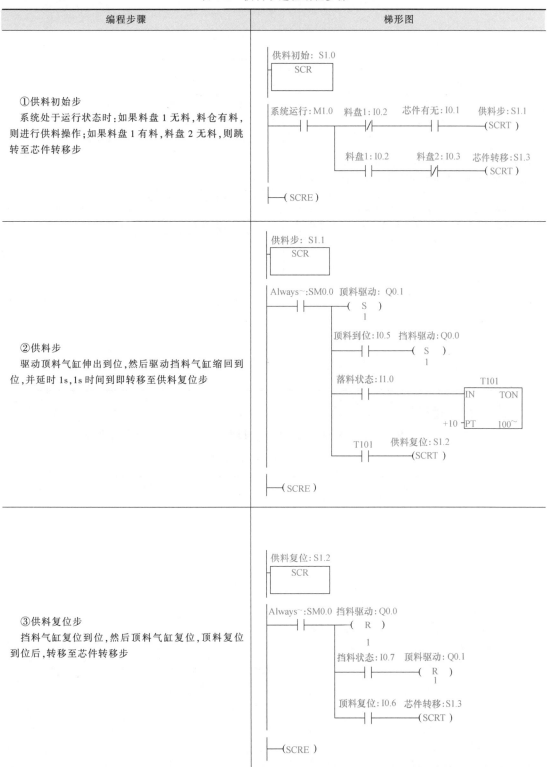
②供料步 驱动顶料气缸伸出到位,然后驱动挡料气缸缩回到位,并延时 1s,1s 时间到即转移至供料复位步	
③供料复位步 挡料气缸复位到位,然后顶料气缸复位,顶料复位到位后,转移至芯件转移步	

（续）

编程步骤	梯形图
④芯件转移步 当料盘 1 有料,料盘 2 无料时,若摆动气缸在左限位位置,则驱动回转物料台回转,若摆动气缸在右限位位置,则复位回转物料台 注意:料盘 1 有料,料盘 2 无料,这两个条件不能少,否则摆动气缸左限位信号和右限位信号将交替接通,使回转操作反复进行	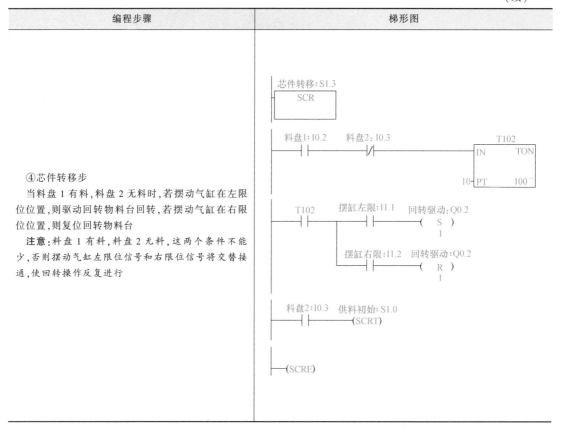

（2）装配子过程

装配子过程是一个单序列、周而复始的步进过程。具体编程步骤详见表 4-6。

表 4-6　装配子过程编程步骤

编程步骤	梯形图
①装配初始步 系统处于运行状态,料盘 2 有料,装配台检测机构动作,延时确认,转移至抓取工件步	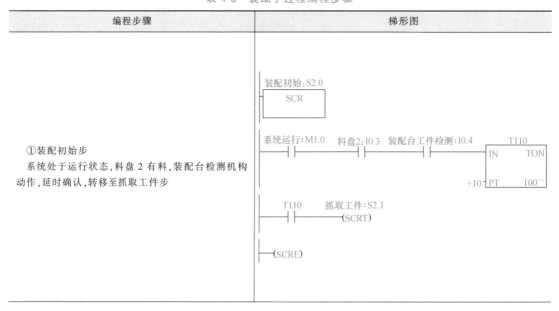

（续）

编程步骤	梯形图
②抓取工件步 　驱动手爪下降到位后，手爪夹紧，夹紧到位后转移至手爪上升步	抓取工件:S2.1 SCR Always~:SM0.0　手爪下降:Q0.4 ─┤├────────────(S) 　　　　　　　　　　　　1 　　　　下降到位:I1.4　　手爪夹紧:Q0.3 　　　　─┤├──────(S) 　　　　　　　　　　　　　　1 　　　　夹紧到位:I1.3　　手爪上升:S2.2 　　　　─┤├──────(SCRT) ──(SCRE)
③手爪上升步 　驱动手爪上升，上升到位后，转移至手臂伸出步	手爪上升:S2.2 SCR Always~:SM0.0　手爪下降:Q0.4 ─┤├────────────(R) 　　　　　　　　　　　　1 　　　　上升到位:I1.5　手臂伸出:S2.3 　　　　─┤├──────(SCRT) ──(SCRE)
④手臂伸出步 　驱动手臂伸出，伸出到位后，延时，转移至装配步	手臂伸出:S2.3 SCR Always~:SM0.0　手臂伸出:Q0.5 ─┤├────────────(S) 　　　　　　　　　　　　1 　　　　伸出到位:I1.7　　　　　　　　T112 　　　　─┤├──────────────IN　　TON 　　　　　　　　　　　　　　+10─PT　100~ 　　　　T112　　　　装配步:S2.4 　　　　─┤├──────(SCRT) ──(SCRE)

（续）

编程步骤	梯形图
⑤装配步 驱动手爪下降，下降到位后，手爪松开，松开到位后，转移至机械手返回步	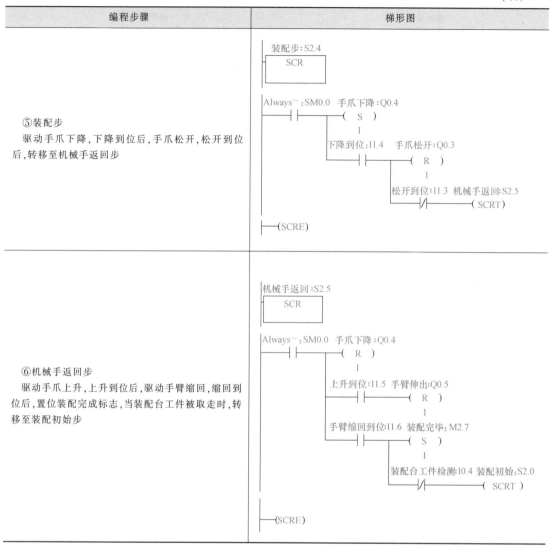
⑥机械手返回步 驱动手爪上升，上升到位后，驱动手臂缩回，缩回到位后，置位装配完成标志，当装配台工件被取走时，转移至装配初始步	

2. 系统的起动和停止

装配单元控制子程序的状态监测和起停主流程控制与供料单元十分类似。PLC上电时，置位两个子程序的初始步。然后每一扫描周期都应检测是否缺料，并调用状态显示子程序以显示系统状态。

此外，系统起动前应检查运行模式是否在单站模式，是否处于初始状态。若一切准备就绪，即可起动装配单元。系统起动后，将在每一扫描周期监视停止按钮是否被按下，或是否出现缺料故障，若停止按钮被按下或出现缺料故障，则发出停止指令，这与供料单元是相同的。

与供料单元不同的是：①停止指令发出后，需等待供料子过程和装配子过程的顺序控制程序都返回其各自初始步后，才能复位运行状态标志和停止指令，控制程序如图4-19所示。②装配单元缺料故障是指料仓无料，且料盘1、料盘2均无料。③为了避免重复装配，在装配步进顺序控制子程序中设有置位装配完成标志程序步。在装配完成标志为 ON 时，当再次从装配台上取出工件时，起停主流程控制程序应实时复位此装配完成标志，以保证下一次装配正常进行。编写控制程序时，需要注意与供料单元的上述不同之处。

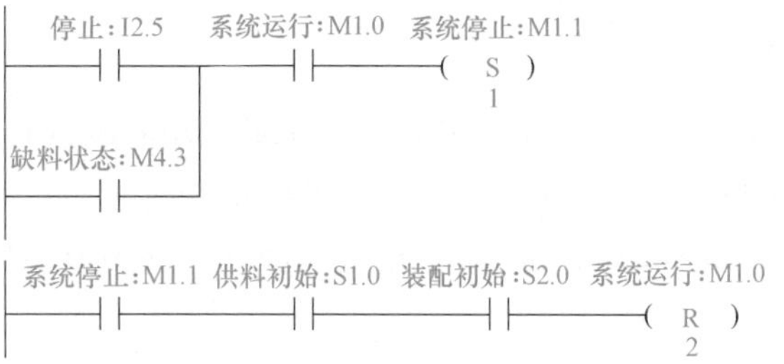

图 4-19　系统停止控制程序

项目测评

项目测评 4

小结与思考

1. 小结

1）装配单元是 YL-335B 型自动化生产线中元器件最多的工作单元，可按功能划分为 3 部分：芯件供给（供料）部分，包括供料料仓和供料操作组件；芯件转移部分，即回转物料台组件；芯件装配部分，包括装配机械手组件和装配台。

2）进行装配单元机械安装时，应注意各部分组件的位置配合关系。其中，回转物料台的安装十分关键，必须确保摆动气缸的摆动角度为 180°，料盘 1 位于供料料仓底座的正下方，确保供料时芯件准确落在料盘内。

3）装配单元的工作过程包括两个相互独立的子过程：一个是供料子过程，另一个是装配子过程。两个子过程的初始步都在 PLC 上电时 SM0.1 置位，但系统必须等待两个子过程都返回到其初始步以后才可停止。

供料子过程又包含供料和芯件转移两个阶段，是具有跳转分支的步进顺序控制程序。本项目 PLC 编程实训的重点是使学生掌握带分支步进顺序控制程序的编制方法和技巧。

2. 思考题

1. 装配单元的主控过程也可以看作由三个相互独立的子过程构成，即供料子过程、芯件转移子过程和装配子过程。请按此划分方法自行编制满足工作任务的程序，并与本项目的编程方法相比较，分析其优缺点。

2. 比较装配单元与供料单元供料编程的异同点，并说明原因。

3. 运行过程中出现芯件不能准确落入料盘中，或装配机械手装配不到位，或光纤传感器误动作等现象，请分析其原因，并总结处理方法。

科技文献阅读

The assembly unit is capable of embedding the small cylindrical workpiece into the big one with a central suitable hole. The assembly unit mainly consists of feeding bin, feeding device, swing table, assembly manipulator, positioning device for semi-finished workpiece, warning light, etc.

The assembly unit is shown in the following figure. When the gas source is connected, the initial position of the ejector cylinder is retracted and the baffle cylinder extended, so the workpiece in feeding bin is blocked by the piston rod end of the baffle cylinder. When the feeding operation needs to be carried out, the ejector cylinder is stretched to tighten the lower workpiece, and the baffle cylinder is retracted to release the lowest workpiece. Then the lowest workpiece is dropped into the material plate of swing table by force of gravity. After 180° rotation of the swing table, the assembly manipulator which is composed of telescopic cylinder, lifting cylinder and pneumatic fingers, clamps and displaces, and then inserts small workpiece into a semi-finished workpiece being positioned on the assembly table.

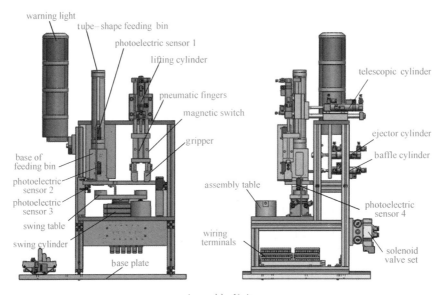

Assembly Unit

专业术语：

（1）feeding device：供料装置

（2）swing table：回转台

（3）assembly manipulator：装配机械手

（4）semi-finished workpiece：半成品工件

（5）warning light：警示灯

（6）ejector cylinder：顶料气缸

（7）baffle cylinder：挡料气缸

（8）assembly table：装配台

（9）tube-shape feeding bin：管形料仓

（10）gripper：抓爪

（11）lifting cylinder：升降气缸

（12）wiring terminals：接线端口

项目五

装配单元 II 的安装与调试

项目目标

1. 掌握 Kinco 3S57Q 步进电动机的基本控制原理及电气接线，通过设置步进电动机驱动器的 DIP 开关，能实现步进电动机按指定的功能运行。

2. 掌握 S7-200 SMART PLC 运动控制向导的组态方法，能编制实现步进电动机定位控制的 PLC 程序。

3. 能在规定时间内完成装配单元 II 的安装、接线、编程与调试，能解决安装与运行过程中出现的常见问题。

项目描述

装配单元 II 与项目四介绍的装配单元功能相同，都是实现装配芯件的功能。不同之处在于：装配单元 II 采用了步进电动机+减速机驱动旋转运动轴。本项目主要考虑在完成机械安装、电气接线和程序设计的基础上，通过机电联调最终实现设备工作目标：上电回零后，当进料口检测有待装配工件时，旋转盘载着待装配工件旋转 180°，由落料机构实现落料装配，然后旋转盘旋回进料口处，等待输送单元取走已装配好的工件。

根据实际安装与调试的工作过程，本项目设置了两个工作任务。通过完成这两个工作任务，使学生掌握装配单元 II 的机械安装、步进电动机的驱动控制、气路的连接与调试、PLC 程序的设计与调试等。

准备知识

一、装配单元 II 的结构和工作过程

装配单元 II 装置侧的结构如图 5-1 所示，整个单元主要由供料机构和旋转装配机构组成。

1. 供料机构

该单元的供料机构与装配单元的供料机构基本相同，也是包括管形料仓和落料机构

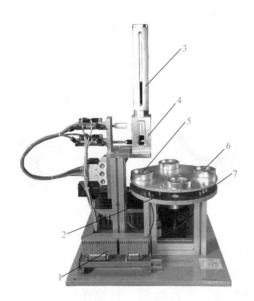
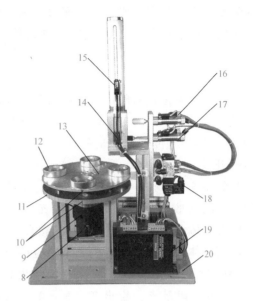

图 5-1　装配单元Ⅱ装置侧结构

1—接线端口　2—原点传感器　3—管形料仓　4—料仓底座　5—装配台 0　6—进料定位孔　7—进料检测传感器
8—步进电动机　9—减速机　10—校准刻度　11—固定盘　12—装配台 1　13—旋转盘　14—缺料检测
传感器　15—欠料检测传感器　16—顶料气缸　17—挡料气缸　18—电磁阀组　19—步进驱动器　20—底板

两部分。

管形料仓由塑料圆管和中空底座构成，用来存储装配用的金属、黑色和白色小圆柱芯件。与装配单元的不同之处在于：开槽在圆管和底座左右两侧，用于检测是否欠、缺料的 E3Z-LS63 型光电接近开关装在了右侧，这样可确保光电接近开关的红外光斑能可靠地照射到被检测的物料上。

"装配Ⅱ过程"动画

落料工作过程与装配单元一样，此处不做赘述。

2. 旋转装配机构

（1）工作原理

旋转装配机构主要由旋转盘、固定盘、行星齿轮减速机-步进电动机组件等组成。其中，固定盘被安装在四条腿的型材支架上，主要用来安装固定减速机-步进电动机组件。该组件出厂时已连接好，作为一个整体，不做拆卸。组件通过减速机前端法兰盘与固定盘螺纹联接。旋转盘的 8 个中心孔与减速机输出轴的 8 个螺纹孔用螺钉联接。这样，步进电动机输出动力由减速机减速后即传递到旋转盘上。回到原点后，旋转盘刻度线应与固定盘刻度线对齐。

旋转盘上有四个装配台。旋转盘在初始位置（原点）时，位于供料机构正下方的装配台被定义为装配台 0，进料位置处的装配台被定义为装配台 1。当装配台 1 下方的进料检测传感器检测到装配台 1 定位孔（进料定位孔）内有待装配工件时（有进料），旋转盘由步进电动机经减速机驱动旋转 180°，装配台 1 载待装配工件精确定位到落料机构正下方，然后由落料机构落料，芯料由于重力恰好落入待装配工件中空孔中，从而完成精准的装配动作。装配完成后，装配台 1 承载已装配好的工件再转回进料位置，以方便下一单元取走已装配好的工件。除了进料位置的装配台 1，其他三个装配台可用于暂存备件。

（2）原点检测

旋转盘原点位置的确定是通过安装在固定盘上的原点传感器检测到旋转盘下方安装的 T 挡块实现的。原点传感器选用了松下 PM-L25 U 形光电传感器，是一种对射式光电接近开关，又称为 U 形光电接近开关，其外观如图 5-2 所示。它主要由红外线发射管和红外线接收管组合而成，是以光为媒介，由发光体与受光体间红外光的接收与

图 5-2 PM-L25 U 形光电传感器的外观

转换检测物体的位置。槽宽决定了感应接收信号的强弱与接收信号的距离。

PM-L25 U 形光电传感器为 NPN 输出型，其电路原理如图 5-3 所示。**注意**：输出 1（黑色）为常闭触点，输出 2（白色）为常开触点。特性数据：检测距离为 6mm（固定）；最小检测物体：0.8mm×1.2mm 不透明体，最大反应频率为 3kHz。

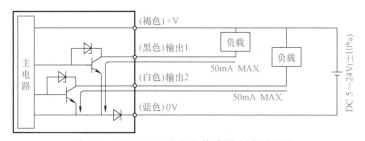

图 5-3 PM-L25 U 形光电传感器电路原理图

二、步进电动机及驱动器简介

1. 步进电动机简介

步进电动机是将电脉冲信号转换为相应的角位移或直线位移的一种特殊执行电动机。每输入一个电脉冲信号，电动机就转动一个角度，其运动形式是步进式的，所以称为步进电动机。

（1）步进电动机的工作原理

下面以一台最简单的三相反应式步进电动机为例简介其工作原理。

图 5-4 是一台三相反应式步进电动机的原理图。它的定子铁心为凸极式，共有三对（六个）磁极，每两个空间相对的磁极上绕有一相控制绕组。转子用软磁性材料制成，也是凸极结构，只有四个齿，齿宽等于定子的极宽。

当 A 相控制绕组通电、其余两相均不通电时，电动机内建立以定子 A 相磁极为轴线的磁场。由于磁通具有力图走磁阻最小路径的特点，因而使转子齿 1、3 的轴线与定子 A 相磁极轴线对齐，如图 5-4a 所示。当 A 相控制绕组断电、B 相控制绕组通电时，转子在反应转矩的作用下，逆时针转过 30°，使转子齿 2、4 的轴线与定子 B 相磁极轴线对齐，

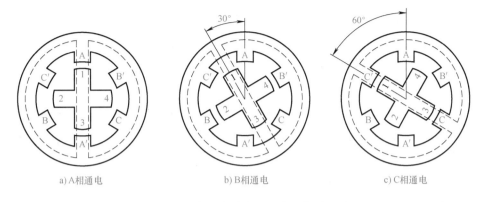

| a)A相通电 | b)B相通电 | c)C相通电 |

图 5-4 三相反应式步进电动机的原理图

即转子走了一步，如图 5-4b 所示。当断开 B 相、使 C 相控制绕组通电时，转子逆时针方向又转过 30°，使转子齿 1、3 的轴线与定子 C 相磁极轴线对齐，如图 5-4c 所示。如此按 A—B—C—A 的顺序轮流通电，转子就会一步一步地按逆时针方向转动。其转速取决于各相控制绕组通电与断电的频率，旋转方向取决于控制绕组轮流通电的顺序。若按 A—C—B—A 的顺序通电，电动机则按顺时针方向转动。

上述通电方式称为三相单三拍。"三相"是指三相步进电动机；"单三拍"是指每次只有一相控制绕组通电。控制绕组每改变一次通电状态称为一拍，"三拍"是指改变三次通电状态为一个循环。把每一拍转子转过的角度称为步距角。三相单三拍运行时，步距角为 30°。显然，这个角度太大，不能付诸应用。

如果把控制绕组的通电方式改为 A→AB→B→BC→C→CA→A，即一相通电接着二相通电间隔地轮流进行，完成一个循环需要经过六次改变通电状态，称为三相单、双六拍通电方式。当 A、B 两相控制绕组同时通电时，转子齿的停顿位置应同时考虑到两对定子磁极的作用，A 相磁极和 B 相磁极对转子齿所产生的磁拉力相平衡的中间位置才是转子的停顿位置。这样，单、双六拍通电方式下转子步数增加了一倍，步距角为 15°。

为进一步减少步距角，可采用定子磁极带有小齿，转子齿数很多的结构。分析表明，采用这种结构的步进电动机，其步距角可以达到很小。一般来说，实际应用中的步进电动机都采用这种方法实现步距角的细分。

装配单元Ⅱ选用了 Kinco 3S57Q-04056 型步进电动机，它的步距角为 1.2°（±5%）。除了步距角外，步进电动机还有保持转矩、阻尼转矩、电动机惯量等技术参数。其中，保持转矩是指电动机各相绕组通入额定电流且处于静态锁定状态时，电动机所能输出的最大转矩。它体现了步进电动机通电但没有转动时，定子锁住转子的能力，是步进电动机最重要的参数之一；阻尼转矩则表征了步进电动机抵御振荡的能力。Kinco 3S57Q-04056 型步进电动机的主要技术参数见表 5-1。

表 5-1 Kinco 3S57Q-04056 型步进电动机的主要技术参数

参数名称	步距角	相电流	保持转矩	阻尼转矩	电动机惯量
参数值	1.2°（±5%）	5.6A	0.9N·m	0.04N·m	0.3kg·cm²

（2）步进电动机的使用

使用步进电动机，一是要安装正确，二是要接线正确。

安装步进电动机必须严格按照产品说明的要求进行。步进电动机是一种精密装置，安装时不要敲打它的轴端，更不要拆卸电动机。

不同步进电动机的接线也有所不同，Kinco 3S57Q-04056 型步进电动机的接线如图 5-5 所示，其三相绕组的六根引出线必须按首尾相连的原则连接成三角形。改变绕组的通电顺序就能改变步进电动机的转动方向。

2. 步进电动机的驱动装置

步进电动机需要由专门的驱动装置（驱动器）供电，驱动器和步进电动机是一个有机的整体，步进电动机的运行性能是电动机及其驱动器二者配合所反映的综合性能。

一般来说，每一台步进电动机几乎都有其对应的驱动器。在装配单元Ⅱ中，选用 Kinco 3M458 型驱动器与 Kinco 3S57Q-04056 型步进电动机匹配，其外观如图 5-6 所示。

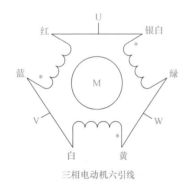

三相电动机六引线

线色	电动机绕组
红色	U
银白色	U
蓝色	V
白色	V
黄色	W
绿色	W

图 5-5　Kinco 3S57Q-04056 型步进电动机的接线　　　图 5-6　Kinco 3M458 型驱动器外观

（1）步进电动机驱动器的主要功能

1）在步进电动机的驱动过程中，控制脉冲通过脉冲分配器控制步进电动机励磁绕组按照一定的顺序通、断电，从而使电动机绕组按输入脉冲的控制而循环通电。

2）对脉冲分配器产生的开关信号波形进行脉冲宽度调制（PWM）以及对相关的波形进行滤波整形处理。PWM 的基本思想是控制每相绕组电流的波形，使其阶梯上升或下降，即在 0 和最大值之间给出多个稳定的中间状态，定子磁场的旋转过程中也就有了多个稳定的中间状态，对应于电动机转子旋转的步数增多，将每一个步距角的距离分成若干个细分步完成。采用这种细分驱动技术可以大大提高步进电动机的步进分辨率，减小转矩波动，避免低频共振及运行噪声。

3）对脉冲信号的电压、电流进行功率放大，用功率元件直接控制电动机的各相绕组。

（2）Kinco 3M458 型步进驱动器的使用

1）三相步进电动机、步进驱动器与 PLC 的接线

SMART CPU ST40 PLC 与步进驱动器的接线如图 5-7 所示。**注意**：由于 PLC 输出的控制信号电压为 24V，为保证控制信号的电流符合驱动器要求（TTL 电平），驱动器 PLS

及 DIR 连接线路中须串接 $2k\Omega$ 电阻。

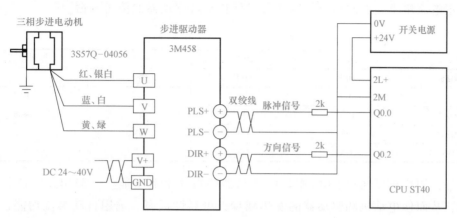

图 5-7 三相步进电动机、步进驱动器与 PLC 接线图

2）DIP 开关功能说明。在 3M458 型步进驱动器的侧面连接端子中间有一个红色的 8 位 DIP 功能设定开关，如图 5-8 所示。DIP 开关可以用来设定驱动器的工作方式和工作参数，包括细分设置、静态电流设置和运行电流设置。DIP 开关功能划分见表 5-2。

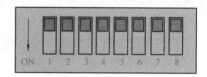

图 5-8 DIP 开关的正视图

表 5-2 3M458 型步进驱动器 DIP 开关功能划分

开关序号	ON 功能	OFF 功能
DIP1～DIP3	细分设置用	细分设置用
DIP4	静态电流全流	静态电流半流
DIP5～DIP8	电流设置用	电流设置用

细分设置见表 5-3。在实际使用时，若对转速要求较高，且对精度和平稳性要求不高，则不必选高细分；如果转速很低，则应该选高细分，以确保平滑，减少振动和噪声。

表 5-3 细分设置

DIP 开关位置			细分/（步/r）	脉冲数/r
DIP1	DIP2	DIP3		
ON	ON	ON	400	400
ON	ON	OFF	500	500
ON	OFF	ON	600	600
ON	OFF	OFF	1000	1000
OFF	ON	ON	2000	2000
OFF	ON	OFF	4000	4000
OFF	OFF	ON	5000	5000
OFF	OFF	OFF	10000	10000

输出电流设置见表5-4，在电动机转矩足够的情况下，应尽量把电动机相电流设置到比额定电流略小一点的挡位，这样可以延长步进驱动器的使用寿命。

表 5-4　输出电流设置

DIP5	DIP6	DIP7	DIP8	输出电流/A
OFF	OFF	OFF	OFF	3.0
OFF	OFF	OFF	ON	4.0
OFF	OFF	ON	ON	4.6
OFF	ON	ON	ON	5.2
ON	ON	ON	ON	5.8

另外，用户可以通过 DIP4 来设定驱动器的自动半流功能。一般用途时应将其设置成 OFF，从而使电动机和驱动器的发热减少，可靠性提高。选用自动半流功能，当脉冲串停止后约 0.4s，电流会自动减至全流的一半左右（实际值的 60%），发热量理论上减至全流时的 36%。

3. 步进电动机旋转脉冲数的计算

被控对象旋转的角度、PLC 输出的脉冲数，以及步进电动机细分数之间的关系如下：

$$P_1 = \frac{R}{360} \times P \tag{5-1}$$

$$i = \frac{R}{R_1} \tag{5-2}$$

由式（5-1）和式（5-2）可得

$$P_1 = \frac{iR_1}{360} \times P \tag{5-3}$$

式中：P_1 表示 PLC 输出的脉冲数；R 表示步进电动机旋转角度；P 表示步进细分数；i 表示减速机的减速比，R_1 表示被控对象的旋转角度。

三、行星齿轮减速机

行星齿轮减速机是一种应用广泛的减速机，通常安装在步进电动机或伺服电动机的输出端。它的主要传动结构为一个太阳轮、若干个行星轮、一个齿轮圈，其中行星轮由行星架的固定轴支承，允许行星轮在支承轴上转动。以三个行星轮结构为例，其组成部件如图 5-9 所示。

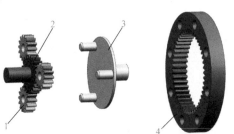

"行星减速机"动画

图 5-9　减速机的各组成部件

1—行星轮　2—太阳轮　3—行星架　4—齿轮圈

减速机的整体结构如图 5-10 所示，行星轮与太阳轮、齿轮圈总是处于啮合状态。其中，将齿轮圈固定，以太阳轮为主动件，行星架为从动件时，可获得较大减速比。太阳轮作为输入元件，一般与步进电动机或伺服电动机相连接，而行星架作为输出元件，一般与输出轴相连接。

图 5-10　减速机的整体结构
1—齿轮圈　2—太阳轮
3—行星轮　4—行星架

装配单元Ⅱ中采用了 SKISIA（欧得克）的法兰盘式行星齿轮减速机，其外观如图 5-11 所示，型号是 PLH60-7-S2-P2，具体含义如图 5-12 所示。该减速机减速比为 7，额定输出转矩为 33N·m，最大径向力为 680N，最大轴向力为 340N，满载效率为 98%。

图 5-11　行星齿轮减速机外观

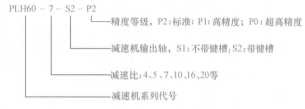

PLH60 – 7 – S2 – P2
　　精度等级，P2:标准；P1:高精度；P0:超高精度
　　减速机输出轴，S1:不带键槽；S2:带键槽
　　减速比:4、5、7、10、16、20等
　　减速机系列代号

图 5-12　型号含义

四、运动轴控制功能

S7-200 SMART PLC 具有标准型晶体管输出的 CPU，集成了三个脉冲输出通道（Q0.0、Q0.1、Q0.3），支持高速脉冲频率（20Hz～100kHz）。在 YL-335B 型自动化生产线中，当采用运动轴 0 时，是通过固定组合 Q0.0+Q0.2 实现电动机的运动与方向控制的。其中，Q0.0 用于脉冲输出，Q0.2 用于方向控制。

不同于 S7-200 可以通过 PLS 指令实现 PTO 脉冲输出，在 S7-200 SMART CPU 中只能通过运动控制向导生成子程序来实现 PTO 脉冲输出。

1. 运动控制向导组态

单击 STEP 7-Micro/WIN SMART "工具" 菜单功能区 "向导" 区域中的 "运动" 按钮，弹出 "运动控制向导" 对话框，按下面步骤设置运动控制参数。

（1）轴及其基本属性组态

1）组态轴的选择：如图 5-13 所示，S7-200 SMART CPU 提供 3 个轴用于运动控制，本项目选择默认的 "轴 0"。每次操作完成后单击 "下一个>" 按钮。

2）测量系统组态。在 "运动控制向导" 对话框左侧的项目树中选中 "测量系统"，此时的对话框如图 5-14 所示。在 "选择测量系统" 下拉列表中可选择 "工程单位" 或 "相对脉冲"，如果选择 "工程单位"，则需要设置电动机旋转一周所需脉冲数、测量的基本单位和电动机每转一周负载轴的实际位移。本项目选择 "相对脉冲"。

3）方向控制组态。在运动控制向导对话框左侧的项目树中选中 "方向控制"，此时的对话框如图 5-15 所示。图中各对应项的含义如下所述。

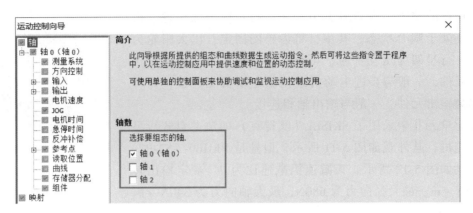

图 5-13　组态轴的选择

图 5-14　测量系统

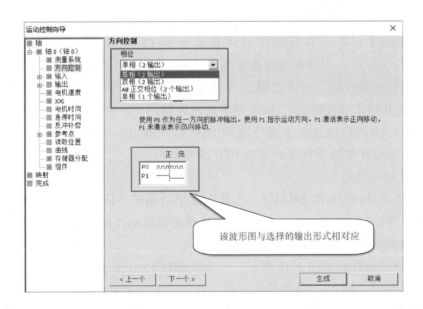

图 5-15　方向控制

① 单相（2 输出）：向导将为 S7-200 SMART 分配两个输出点，一个点用于脉冲输出，一个点用于控制方向。

② 双相（2 输出）：向导将为 S7-200 SMART 分配两个输出点，一个点用于发送正向脉冲，一个点用于发送负向脉冲。

③ AB 正交相位（2 个输出）：向导将为 S7-200 SMART 分配两个输出点，一个点发送 A 相脉冲，一个点发送 B 相脉冲，A、B 相脉冲的相位差为 90°。

④ 单相（1 个输出）：向导将为 S7-200 SMART 分配一个输出点，此点用于脉冲输出，S7-200 SMART 的运动控制功能不再控制方向，方向可由用户自己编程控制。

本项目选择"单相（2 输出）"，"极性"选择"正"。

（2）输入组态

输入组态主要包括：正极限 LMT+、负极限 LMT−、参考点开关输入 RPS、零脉冲 ZP、STP 以及 TRIG 输入信号。其中，STP 信号输入可让 CPU 停止脉冲输出。本项目中只使用了 RPS 信号。

在"运动控制向导"对话框左侧的项目树中双击"输入"，在弹开的项目选中"RPS"，即选择参考点开关输入 RPS，对话框如图 5-16 所示，勾选"已启用"，本项目中"输入"选择 I0.0。同时，须选择激活参考点的电平状态，上限为高电平有效，下限为低电平有效。

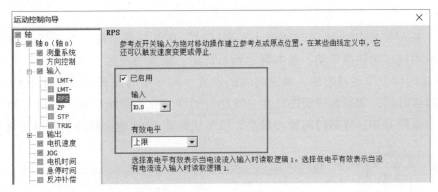

图 5-16　参考点开关输入 RPS

（3）输出组态

输出组态主要包括：DIS、电机速度、JOG、电机时间、急停时间、反冲补偿。其中，DIS 输出可用来禁止或使能电动机驱动器。本项目所涉及的输出分别如下。

1）电机速度组态，本项目设置如图 5-17 所示。图中各对应项的含义如下。

① 最大值：电动机转矩范围内系统最大的运行速度。

② 最小值：此数值根据最大电动机速度由系统自动计算给定。

③ 启动/停止：能够驱动负载的最小转矩对应的速度，可以考虑按最大值（MAX SPEED）的 5%～15% 设定。如果启动/停止速度（SS_ SPEED）数值过低，电动机和负载在运动的开始和结束时可能会摇摆或颤动。如果启动/停止速度（SS_ SPEED）数值过高，电动机会在启动时丢失脉冲，并且负载在试图停止时会使电动机超速。

2）电机时间组态，本项目设置如图 5-18 所示。图中各对应项的含义如下所述。

① 加速：定义轴的加速时间，默认值为 1000ms。

② 减速：定义轴的减速时间，默认值为 1000ms。

这两个参数需要根据工艺要求及实际的生产机械测试得出。如果需要系统有更高的

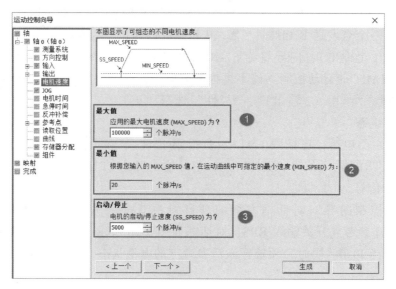

图 5-17　电机速度

响应特性，则需要将加、减速时间减小。测试时，在保证安全的前提下建议逐渐减小此值，直到电动机出现轻微抖动，基本就达到系统加、减速的极限。除此之外，还需要注意与 CPU 连接的伺服驱动器的加、减速时间的设置，向导中的设置只是定义了 CPU 输出脉冲的加、减速时间，如果希望使用此加、减速时间作为整个系统的加、减速时间，则可以考虑将驱动器侧的加、减速时间设为最小，以尽快响应 CPU 输出脉冲的频率变化。

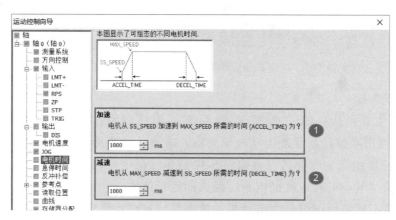

图 5-18　电机时间

（4）参考点（RP）组态

1）寻参速度及方向组态

在"运动控制向导"对话框左侧的项目树中选中"参考点"，在对话框右侧勾选"已启用"参考点组态，在左侧项目树中选中"查找"，在对话框右侧的设置如图 5-19 所示。图中各对应项的含义如下。

① 速度：设定快速参考点查找速度（RP_ FAST）；设定慢速参考点寻找速度（RP_ SLOW）。

② 方向：设定参考点查找的起始方向（RP_SEEK_DIR）；设定参考点的逼近方向（RP_APPR_DIR）。

此处参考点的设置为主动寻找参考点，即触发寻参功能后，轴会按照预先确定的搜索顺序执行参考点搜索。首先，轴将按照 RP_SEEK_DIR 设定的方向以 RP_FAST 设定的速度运行，在碰到参考点后会减速至 RP_SLOW 设定的速度，最后根据设定的寻参模式以 RP_APPR_DIR 设定的方向逼近参考点。

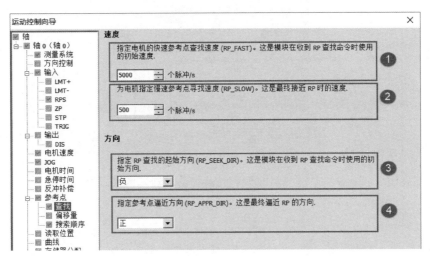

图 5-19　参考点速度、方向组态

2）参考点搜索顺序组态，如图 5-20 所示。

① 模式 1：将参考点定位在左右极限之间，RPS 区域的一侧。

② 模式 2：将参考点定位在 RPS 输入有效区的中心。

在装配单元Ⅱ中查找原点时，选择模式 2。

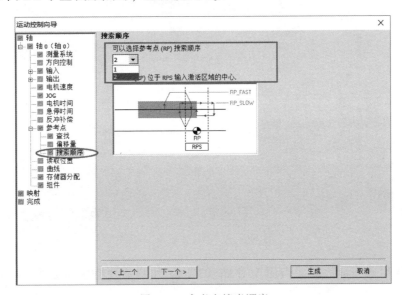

图 5-20　参考点搜索顺序

（5）组件选择及 I/O 映射

向导配置结束后，在指令清单中如果不想选择某项或某几项，可将图 5-21 中右侧复选框中的勾去掉，最后在生成子程序时就不会出现上述指令，从而减少向导占用 V 存储区的空间。

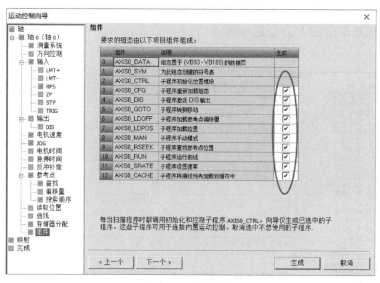

图 5-21　组件选择

使用运动控制向导组态完成后，生成的 I/O 映射表如图 5-22 所示。用户可以在此查看组态的功能分别对应到哪些输入/输出点，并据此设计程序与实际接线。

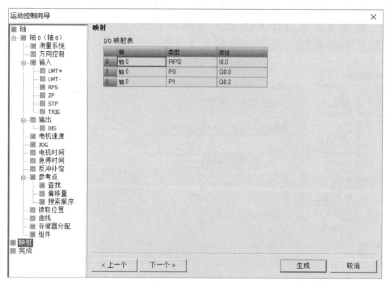

图 5-22　I/O 映射表

由于向导组态完成后需要占用 V 存储区空间，用户需要特别注意此连续数据区不能被其他程序占用。

2. 运动控制指令

运动控制向导组态完成后，向导会为所选的配置最多生成 11 个子例程（子程序），如图 5-23 所示。这些子例程可以作为指令在程序中被直接调用，如图 5-24 所示。表 5-5 列出了这些指令的功能。本项目主要讲述装配单元Ⅱ中用到的部分运动控制指令。

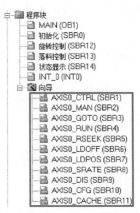

图 5-23　生成的子例程

图 5-24　可调用的子例程

表 5-5　运动控制指令

指令	功能
AXISx_CTRL	启用和初始化运动轴
AXISx_MAN	手动模式
AXISx_GOTO	命令运动轴移动到所需位置
AXISx_RUN	运行曲线
AXISx_RSEEK	搜索参考点位置
AXISx_LDOFF	加载参考点偏移量
AXISx_LDPOS	加载位置
AXISx_SRATE	更改向导设置的加减速及 S 曲线时间
AXISx_DIS	使能/禁止 DIS 输出
AXISx_CFG	更新加载组态
AXISx_CACHE	缓冲曲线

（1）AXIS0_CTRL

功能：启用和初始化运动轴，EN 端使用 SM0.0 调用，如图 5-25 所示。

指令说明：

MOD_EN：此参数必须为"1"，其他运动控制子程序才能有效。如果 MOD_EN 参数为"0"，运动轴会中止所有正在进行的命令。

Done：任何运动控制子程序完成时，此参数会置位。

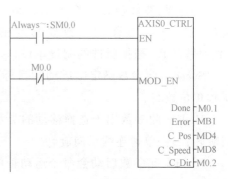

图 5-25　AXIS0_CTRL

Error：存储该子程序运行时的错误代码。

C_Pos：表示运动轴的当前位置。根据测量单位，该值是脉冲数（DINT）或工程单位数（REAL）。

C_Speed：提供运动轴的当前速度。如果组态时单位为脉冲数，则 C_Speed 是一个 DINT 型数值，单位为脉冲数/s。如果组态时使用工程单位，则 C_Speed 是一个 REAL 数值，单位为工程单位数/s。

C_Dir：表示电动机的当前方向，信号状态为 0，表示正向；信号状态为 1，表示反向。

（2）AXIS0_RSEEK

功能：使用向导中组态的搜索方法执行参考点搜索。调用示例如图 5-26 所示。当运动轴找到参考点且移动停止时，运动轴将 RP_OFFSET 参数值载入当前位置。RP_OFFSET 的默认值为 0。

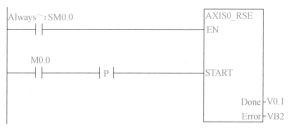

图 5-26　AXIS0_RSEEK

指令说明：

EN：此位为"1"，会启用此子程序。确保 EN 位保持开启，直至 Done 位指示子程序执行已经完成。

START：此参数为"1"，将向运动轴发出 RSEEK 命令。在 EN 位使能且当前程序空闲的情况下，使用边沿检测指令触发 START，以保证只激活一个扫描周期。

（3）AXIS0_GOTO

功能：命令运动轴按指定速度运行到指定位置，如图 5-27 所示。

指令说明：

START：此参数为"1"，会向运动轴发出 GOTO 命令。在 EN 位使能且当前程序空闲的情况下，使用边沿检测指令触发 START，以保证只激活一个扫描周期。

Pos：此参数包含一个数值，指示要移动的位置（绝对移动）或要移动的距离

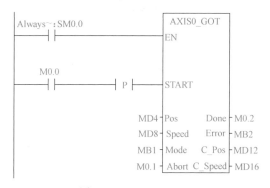

图 5-27　AXIS0_GOTO

（相对移动）。根据所选的测量单位，该值是脉冲数（DINT）或工程单位数（REAL）。

Speed：此参数确定轴运动的目标速度。根据所选的测量单位，该值是脉冲数/s 或工程单位数/s。

Mode：此参数用于选择移动的类型。0：绝对位置；1：相对位置；2：单速连续正向旋转；3：单速连续反向旋转。

Abort：此参数启动会命令运动轴停止当前运动，并减速至电动机停止。

（4）调用基本原则

1）AXIS0_CTRL 指令使用 SM0.0 的常开触点调用，且在所有运动指令之前调用。

2）要使用绝对定位功能，必须首先使用 AXIS0_RSEEK 指令建立零位置。

3）要实现按照指定速度运动到指定位置（绝对运动）或运动指定距离（相对运动），应使用 AXIS0_GOTO 指令。

4）调用指令块时，除了 AXIS0_CTRL 需要一直调用，其他指令块不能同时激活，同一个扫描周期只有一个指令块可以激活，如果多个指令块在同一扫描周期被激活，则会导致系统报错。

5）要确认一个指令的功能是否完成，可以使用指令块 Done 位的上升沿来判断。以 AXISx_GOTO 为例，EN 被激活后，若 START 参数未被激活，Done 位为"1"；若 START 参数被激活，Done 位为"0"，直到激活的运动控制功能完成，Done 位才由"0"变为"1"。

任务一　装配单元 II 的安装

一、工作任务

本实训任务要求完成装配单元 II 的机械、气动部件的安装以及装置侧电气接线。在机械、气动系统装配完成后接通气源，完成气动元件的动作调试。

二、机械和气路的安装与调试

装配单元 II 的安装主要包括供料机构、旋转装配机构等机械部件，以及气动部件的安装。

"装配 II 安装"视频

1. 机械部分安装

机械部分各组件装配步骤具体见表 5-6 所示。

表 5-6　各组件的装配步骤

步骤一：安装工作单元支承组件	步骤二：安装电动机组件、原点开关于固定盘上

步骤三：将电动机固定盘组件安装到支承架上	步骤四：安装落料操作组件
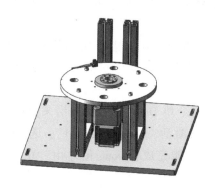	
步骤五：将落料组件安装到支承架上	步骤六：安装供料料仓组件
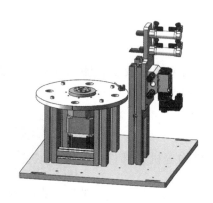	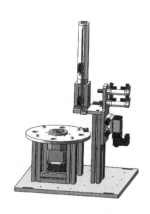
步骤七：安装旋转盘组件	步骤八：安装端子排、驱动器及走线槽等
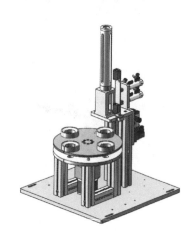	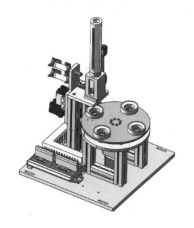

安装过程中需要注意以下几点。

1）预留螺栓的数量一定要足够，以免造成组件之间不能完成安装。

2）建议将各组件大体安装到位，不要一次拧紧各固定螺栓，待相互位置基本确定后，再依次对各组件进行调整固定。

3）为使芯件准确落料，旋转盘上的进料定位孔与料仓应满足一定的同轴度要求，所以建议使用校验棒。

2. 气路连接与调试

装配单元Ⅱ的气路只涉及落料两个气缸，与装配单元供料部分相同。连接气路前，规划好各段气管的长度，然后按所要求的规范连接好，并调试顺畅。此处不做赘述。

3. 装置侧的电气接线

装配单元Ⅱ装置侧的接线端口信号端子的分配见表5-7。

表 5-7　装配单元Ⅱ装置侧的接线端口信号端子的分配

输入端口中间层			输出端口中间层		
端子号	设备符号	信号线	端子号	设备符号	信号线
2	BG1	原点检测	2	PLS+	步进电动机驱动器脉冲信号+
3	BG2	前入料口检测	3	DIR+	步进电动机驱动器方向信号+
4	BG3	物料不足检测	4	1Y	顶料电磁阀
5	BG4	物料有无检测	5	2Y	挡料电磁阀
6	1B1	顶料到位检测	6		
7	1B2	顶料复位检测	7		
8	2B1	挡料状态检测	8		
9	2B2	落料状态检测	9		
10#~17# 端子没有连接			6#~14# 端子没有连接		

任务二　装配单元Ⅱ的PLC控制实训

一、工作任务

装配单元Ⅱ单站运行时，其工作的主令信号和工作状态显示信号均来自PLC旁边的按钮/指示灯模块，并且按钮/指示灯模块上的工作方式选择开关SA应置于"单站方式"位置。具体的控制要求如下。

1）设备通电且气源接通后，旋转盘首先回原点。在回零过程中，"准备就绪"指示灯HL1以1Hz的频率闪烁。若各气缸都在初始位置，且旋转盘在原点位置，料仓有足够的小圆柱芯件，旋转盘进料定位孔里没有待装配工件，则系统准备就绪，HL1常亮。

2）设备准备就绪后，按下起动按钮SB1，系统进入运行状态，"设备运行"指示灯HL2点亮，"准备就绪"指示灯HL1熄灭。

系统运行时，若进料孔放有待装配工件，则旋转盘逆时针旋转180°，载待装配工件至落料机构正下方，落料机构对芯件进行落料装配。装配完毕后，旋转盘顺时针旋转180°，载已装配工件至进料孔。

按下停止按钮SB2，系统完成当前工作周期后停止运行，同时"设备运行"指示灯HL2熄灭。

3）若在工作过程中按下急停开关QS，系统将立即停止运行，急停解除后，系统从急停前的断点开始继续运行。

4）若在工作过程中料仓内工件不足，装配单元Ⅱ仍会继续工作，但HL1指示灯以1Hz频率闪烁，HL2指示灯保持常亮；若料仓内没有芯件，则HL1和HL2同时以2Hz的频率闪烁。

二、PLC控制电路的设计和电路接线

"装配Ⅱ PLC侧接线"动画

1. 规划PLC的I/O分配

根据表5-7和工作任务的要求，装配单元Ⅱ的PLC选用S7-200 SMART系列的CPU ST40 PLC。PLC的I/O信号分配见表5-8。

表5-8　装配单元Ⅱ PLC的I/O信号分配

输入信号				输出信号			
序号	PLC输入点	信号名称	信号来源	序号	PLC输出点	信号名称	信号来源
1	I0.0	原点检测（BG1）	装置侧	1	Q0.0	步进电动机驱动器脉冲信号+（PLS+）	装置侧
2	I0.1	进料孔检测（BG2）					
3	I0.2	物料不足检测（BG3）		2	Q0.1		
4	I0.3	物料有无检测（BG4）		3	Q0.2	步进电动机驱动器方向信号+（DIR+）	
5	I0.4	顶料到位检测（1B1）		4	Q0.3		
6	I0.5	顶料复位检测（1B2）		5	Q0.4	顶料电磁阀（1Y）	
7	I0.6	挡料状态检测（2B1）		6	Q0.5	挡料电磁阀（2Y）	
8	I0.7	落料状态检测（2B2）					
9	I2.0	启动按钮（SB1）	按钮/指示灯模块	7	Q1.5	准备就绪指示灯HL1	按钮/指示灯模块
10	I2.1	停止按钮（SB2）		8	Q1.6	设备运行指示灯HL2	
11	I2.2	急停开关（QS）		9	Q1.7	指示灯HL3	
12	I2.3	工作模式选择（SA）					
其余端子没有连接				其余端子没有连接			

2. PLC控制电路图的绘制及说明

按照所规划的I/O信号分配以及所选用的传感器类型绘制的PLC控制电路如图5-28所示。

三、步进驱动器设置

步进驱动器DIP开关设置见表5-9。3S57Q-04056型步进电动机的额定相电流为

5.6A，实际使用时应比额定值低一些，故设置为 5.2A。为减少电动机和驱动器的发热，设定静态电流半流，即 DIP4 置 OFF。

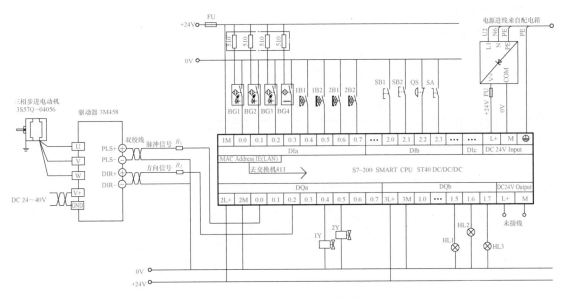

图 5-28　装配单元Ⅱ PLC 的 I/O 接线原理图

表 5-9　DIP 开关设置

开关位	DIP1	DIP2	DIP3	DIP4	DIP5	DIP6	DIP7	DIP8
设置挡位	OFF	OFF	ON	OFF	OFF	ON	ON	ON
功能含义	细分设置为 5000 步/r			静态电流半流	相电流设置为 5.2A			

四、编写和调试 PLC 控制程序

1. 控制程序结构

装配单元Ⅱ的控制程序结构如图 5-29 所示。主程序 MAIN 调用 3 个一级子程序："初始化""旋转控制"及"状态显示"。其中，"旋转控制"子程序又二级调用"落料控制"子程序。

与供料单元类似，主程序 MAIN 主要负责系统启停等主流程控制。"初始化"子程序主要用于系统的复位，即旋转盘回原点。"旋转控制+落料控制"子程序主要负责装配

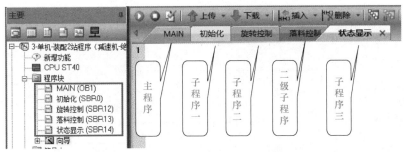

图 5-29　装配单元Ⅱ的控制程序结构

工艺过程中的步进顺序控制。

2．PLC 程序编写

（1）系统启停控制

系统启停主流程控制主要包括上电初始化、系统是否准备就绪检查，以及系统准备就绪后的启停等操作。转盘初始化复位、就绪条件检查及启停部分等编程要点见表 5-10。

表 5-10　系统复位及启停部分编程要点

编程要点	梯形图
①运动轴的启用和初始化 第一个扫描周期置位"轴初态检查"即 M5.0，并调用"初始化"子程序 若初始化正常，输出参数 Done 位为 1，其对应的"初始化完毕"信号 M0.7 置 1	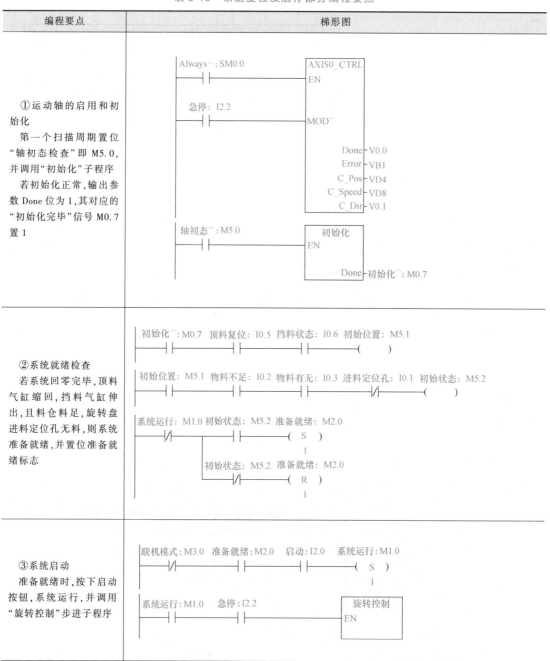
②系统就绪检查 若系统回零完毕，顶料气缸缩回，挡料气缸伸出，且料仓料足，旋转盘进料定位孔无料，则系统准备就绪，并置位准备就绪标志	
③系统启动 准备就绪时，按下启动按钮，系统运行，并调用"旋转控制"步进子程序	

（续）

编程要点	梯形图
④系统停止 当按下停止按钮或缺料时,完成当前工作周期后,系统停止	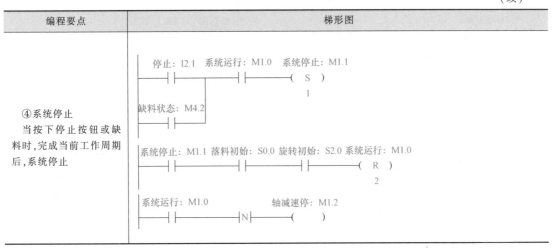

其中,"初始化"子程序如图 5-30 所示,其执行结果须返回给调用它的 POU,即主程序。所以,在子程序里需定义输出参数型局部变量,如图 5-31 所示。在局部变量表中定义该局部变量时,只需指定变量类型和数据类型,不需指定存储器地址,存储器地址由程序编辑器自动分配。后面的"落料控制"子程序同此。

实际运行时,"初始化"子程序是通过运动轴回原点指令驱动旋转装配机构回零。回零完毕,经过一定的延时,子程序输出参数 Done 置 1。

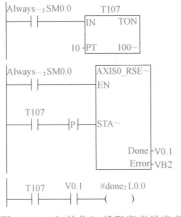

图 5-30 "初始化"子程序变量定义

	地址	符号	变量类型	数据类型	注释
1		EN	IN	BOOL	
2			IN		
3			IN_OUT		
4	L0.0	done	OUT	BOOL	
5			TEMP		

图 5-31 "初始化"子程序局部变量定义

此外,通过在 AXIS0_CTRL 的 MOD_EN 参数输入处及"旋转控制"子程序的调用 EN 处串接急停开关 I2.2 接入点可实现急停。

（2）主顺序控制过程

装配步进顺序控制为单序列步进顺序控制,主要任务是实现外壳工件与芯件的装配,工件装配过程中主要涉及运动轴的旋转控制、落料控制。具体编程步骤见表 5-11。

其中,运动轴的旋转控制选择绝对方式编程。旋转盘从原点开始,若要逆时针旋转 180°,根据式（5-3）,可以计算出 PLC 须发出 17500 个脉冲。

表 5-11　装配步进顺序控制程序编程步骤

编程步骤	梯形图
①初始步:工步 0 当系统运行条件为ON,料仓有料,进料定位孔有待装配工件时,延时3s后,步进程序转移至工步 1	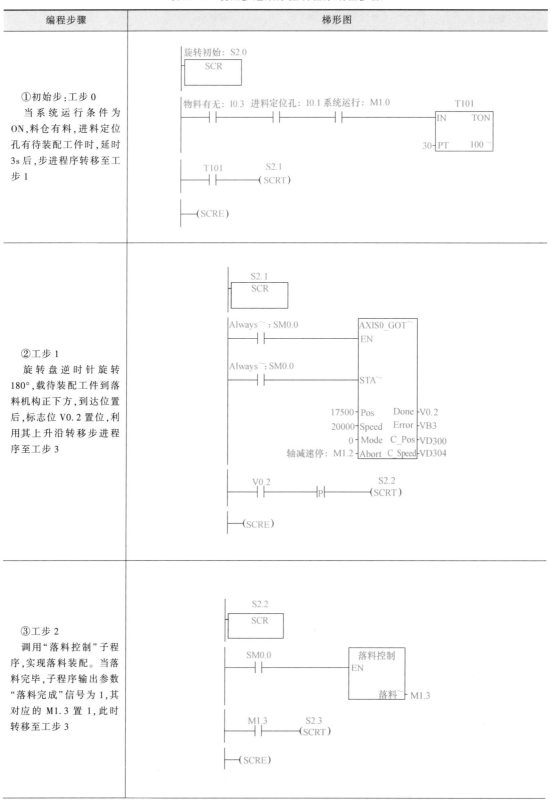
②工步 1 旋转盘逆时针旋转180°,载待装配工件到落料机构正下方,到达位置后,标志位 V0.2 置位,利用其上升沿转移步进程序至工步 3	
③工步 2 调用"落料控制"子程序,实现落料装配。当落料完毕,子程序输出参数"落料完成"信号为 1,其对应的 M1.3 置 1,此时转移至工步 3	

（续）

编程步骤	梯形图
④工步3 旋转盘顺时针旋转180°,到达位置后,标志位 V0.3 置位,利用其上升沿转移步进程序至工步4	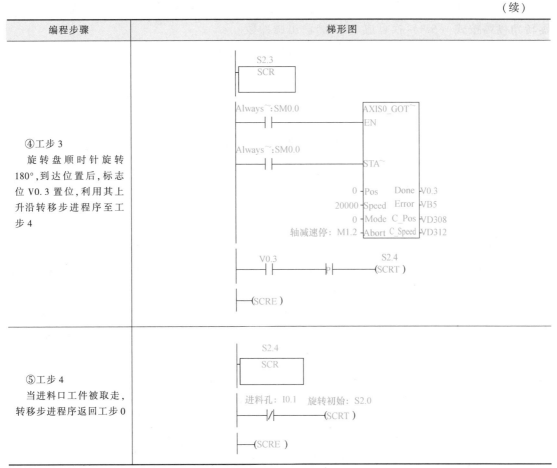
⑤工步4 当进料口工件被取走,转移步进程序返回工步0	S2.4 SCR 进料孔: I0.1　旋转初始: S2.0 ⊣/⊢—(SCRT) ⊢(SCRE)

"落料控制"子程序与供料单元的编程方法类似,此处不做赘述。**注意**:落料工作完成后,需考虑有一段时间的延时,然后才可使输出参数"落料完成"信号为1,以确保芯件落到位后,旋转盘再顺时针旋转;否则,容易出现芯件还没落到位,旋转盘即旋转,从而造成旋转盘与固定盘之间卡料的现象。

项目测评

项目测评5

小结与思考

1. 小结

1）装配单元Ⅱ是 YL-335B 型自动化生产线中装配单元的升级产品。主要包括两部分：供料机构和旋转装配机构。其中，旋转盘由步进电动机+减速机驱动，减速比为7，旋转角度需按式（5-3）换算成 PLC 的输出脉冲数。

2）实际调试装配单元Ⅱ的过程中，需要注意旋转盘位置旋转不到位的情况，这会导致芯料落料不到位，从而造成旋转盘与固定盘之间卡料的问题。所以建议逐步调试，先调试旋转盘旋转，再调试落料的准确度。

2. 思考题

1）本项目案例中，装配单元Ⅱ运动轴的控制采用了绝对模式编程，若采用相对模式编程，应如何实现？

2）试设计检测装置，将其安装在旋转盘左或右90°分度侧边处，以检测芯件与外壳工件的属性。

科技文献阅读

The assembly unit Ⅱ is mainly composed of tube-shape feeding bin, feeding mechanism, and rotary mechanism, as shown in the following figure. The rotary disc is driven by a stepping motor through a reducer. When the workpiece to be assembled in feeding orifice is detected by photoelectric sensor, the rotary disc is driven to rotate 180°, positioned precisely under the feeding mechanism, and then the feeding operation is carried out to perform the assembly work. After the assembly work is completed, the rotary disk carries the assembled workpiece to return to the original position, facilitating the delivery unit to take it away.

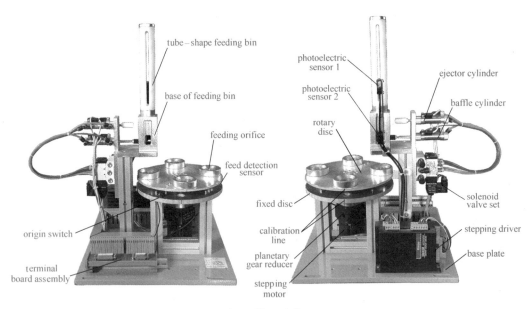

Assembly unit Ⅱ

专业术语：

（1）tube-shape feeding bin：管形料仓

（2）feeding mechanism：供料机构

（3）rotary mechanism：旋转机构

（4）rotary disc：旋转盘

（5）fixed disc：固定盘

（6）planetary gear reducer：行星齿轮减速器

（7）stepping motor：步进电动机

（8）stepping driver：步进驱动器

（9）feeding orifice：进料定位孔

（10）feed detection sensor ：进料检测传感器

（11）origin switch：原点开关

（12）calibration line：校准线

项目六

分拣单元的安装与调试

项目目标

项目目标

1. 掌握 G120C 变频器的安装和接线，理解其基本参数的含义，能熟练使用操作面板进行参数设置以及操控电动机的运行。

2. 掌握旋转编码器的结构、特点及电气接口特性，能正确对其进行安装和调试。掌握高速计数器的选用及其向导组态编程方法。

3. 能在规定时间内完成分拣单元的安装和调整，能进行程序设计和调试，并能解决安装与运行过程中出现的常见问题。

项目描述

分拣单元是 YL-335B 型自动化生产线中的最末端单元，主要实现对上一单元送来的成品工件进行分拣，将不同属性的工件从不同料槽分流的功能。根据实际安装与调试的工作过程，本项目主要考虑完成分拣单元机械部件的安装、气路连接和调整、装置侧与PLC 侧电气接线、变频器参数的设置以及 PLC 程序的编写，最终通过机电联调实现设备总工作目标：完成对白色芯、黑色芯和金属芯工件的分拣。

本项目设置了两个工作任务：①分拣单元装置侧的安装与调试；②分拣单元的 PLC 控制实训。

准备知识

一、分拣单元的结构和工作过程

分拣单元装置侧主要是一台整合了分拣功能的带传送装置，其俯视图如图 6-1 所示。当输送单元送来工件放到分拣单元传送带上并被进料定位 U 形板处的光电或光纤传感器检测到时，即可以启动变频器，使传送带运转，对工件进行传送和分拣。

"分拣过程"动画

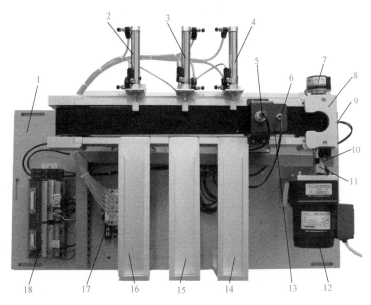

图 6-1　分拣单元装置侧俯视图

1—底板　2—推料气缸 3　3—推料气缸 2　4—推料气缸 1　5—电感传感器 1　6—光纤头 2　7—旋转编码器
8—进料定位 U 形板　9—光纤头 1　10—光电传感器　11—联轴器　12—驱动电动机　13—传感器支架
14—出料滑槽 1　15—出料滑槽 2　16—出料滑槽 3　17—电磁阀组　18—接线端子排

1. 传送带及其驱动机构

分拣单元的带传动属于摩擦型带传动，具有以下特点：能缓冲吸振，传动平稳，噪声小；能过载打滑；结构简单，制造、安装和维护方便，成本低；允许两轴距离较大等。摩擦型带传动适用于无需保证准确传动比的远距离场合，在近代机械传动中应用十分广泛。

带传动装置由驱动电动机、主动轮、从动轮、紧套在两轮上的传动带和机架组成。主动轮通过弹性联轴器与驱动电动机连接而被驱动，通过带与带轮之间产生的摩擦力，使从动轮一起转动，从而实现运动和动力的传递。

传动驱动机构的主要部分是一台带有减速齿轮机构的三相异步电动机。整个驱动机构包括电动机支座、电动机、弹性联轴器等，如图 6-2 所示。电动机轴与主动轮轴间的连接质量直接影响传送带运行的平稳性，安装时务必注意，必须确保两轴的同心度。

2. 分拣机构

由图 6-1 可以看出，带传动装置上安装有出料滑槽、推料（分拣）气缸、进料检测的光电或光纤传感器、属性检

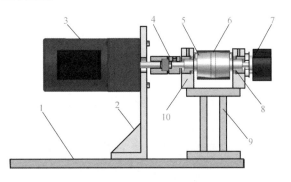

图 6-2　带传动装置的驱动机构

1—底板　2—电动机支座　3—减速电动机　4—弹性联轴器
5—主动轮轴　6—传送带　7—旋转编码器　8—滚珠轴承
9—传送带支座　10—传送带侧板

测（电感式和光纤式）传感器以及磁性开关等，它们构成了分拣机构。分拣机构把带传动装置分为两个区域，从进料口到传感器支架的这一前段为检测区，后段是分拣区。成品工件在进料口被检测后由传送带传送，通过检测区的属性检测传感器确定工件的属性，然后传送到分拣区，按工作任务要求把不同类别的工件推入指定的出料滑槽中。

三个出料滑槽的推料气缸都是直线气缸，它们分别由三个带手控开关的二位五通单电控电磁阀驱动，实现将停止在气缸前面的待分拣工件推入出料滑槽的功能。分拣单元气动控制回路的工作原理如图6-3所示。

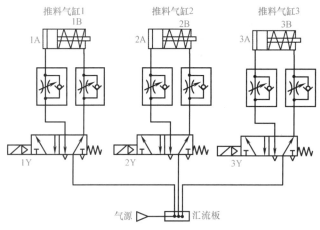

图6-3 分拣单元气动控制回路工作原理

"分拣气动"视频

二、认识旋转编码器

旋转编码器是通过光电转换将输出至轴上的机械、几何位移量转换成脉冲或数字信号的传感器，主要用于速度或位置（角度）的检测。根据旋转编码器产生脉冲方式的不同，可以分为增量式、绝对式及混合式三大类，YL-335B型自动化生产线上只使用了增量式旋转编码器。

"编码器"微课（一）

1. 增量式旋转编码器的工作原理

增量式旋转编码器的原理示意图如图6-4所示，其结构是由光栅盘和光电检测装置组成。光电检测装置由发光元件、光栏板和受光元件组成，光栅盘则是在一定直径的圆板的外圆周上等分地开通若干个长方形狭缝，数量从几百到几千不等。由于光栅盘与电动机同轴，电动机旋转时，光栅盘与电动机同速旋转，发光元件发出的光线透过光栅盘和光栏板狭缝形成忽明忽暗的光信号，受光元件把这些光信号转换成电脉冲信号，由此，根据脉冲信号的数量便可推知转轴转动的角位移。

"编码器"微课（二）

"编码器"微课（三）

为了获得光栅盘所处的绝对位置，还必须设置一个基准点，即起始零点（Zero Point）。为此，在光栅盘边缘光槽内圈还设置了一个零位标志光槽，如图 6-4 所示，当光栅盘旋转一圈，光线只有一次通过零位标志光槽照射到受光元件上，并产生一个脉冲，此脉冲即可作为起始零点信号。

旋转编码器的光栅盘狭缝数量决定了传感器的最小分辨角度，即分辨角 $\alpha = 360°$/狭缝数量。例如，若狭缝数量为 500 线，则分辨角 $\alpha = 360°/500 = 0.72°$。为了提供旋转方向的信息，光栏板上设置了两个狭缝，A 相狭缝与 A 相发光元件、受光元件对应；同样，B 相狭缝与 B 相发光元件、受光元件对应。若两狭缝的间距与光栅间距 T 的比值满足一定关系，就能使 A 和 B 两个脉冲列在相位上相差 90°。当 A 相脉冲超前 B 相脉冲时，为正转方向，而当 B 相脉冲超前 A 相脉冲时，则为反转方向。

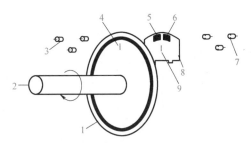

图 6-4 增量式旋转编码器的原理示意图

1—光栅盘 2—轴 3—受光元件 4—零位标志光槽
5—A 相狭缝 6—B 相狭缝 7—发光元件
8—光栏板 9—Z 相狭缝

A 相、B 相和 Z 相受光元件转换成的电脉冲信号经整形电路后，输出的方波脉冲如图 6-5 所示。

2. 增量式旋转编码器在 YL-335B 型自动化生产线上的应用

分拣单元选用了具有 A、B 两相，相位差为 90°的旋转编码器计算工件在传送带上的位移。旋转编码器的外观和引出线定义如图 6-6 所示。

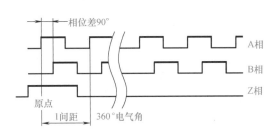

图 6-5 增量式编码器输出的三组方波脉冲

用于固定旋转编码器本体的板簧
旋转轴（空心轴型）
紧定螺孔
引出线说明：
• 屏蔽线接地
• 红、黑色引出线为电源线
• 黄、绿、白色引出线为信号输出线
编码器本体

图 6-6 分拣单元所使用的旋转编码器

与该旋转编码器相关的性能数据如下：工作电源为 DC 12～24V，工作电流为 110mA，分辨率为 500 线（即每旋转一周产生 500 个脉冲）。A、B 两相及 Z 相均采用 NPN 型集电极开路输出。信号输出线分别由绿色、白色和黄色三根线引出，其中黄色线为 Z 相输出线。旋转编码器在出厂时，规定旋转方向为从轴侧看顺时针方向旋转为正向，这时绿色线输出信号将超前白色线输出信号 90°，因此规定绿色线为 A 相线，白色线为 B 相线。旋转编码器的使用应注意以下两点。

1）所选用的旋转编码器旋转轴为中空轴形状（空心轴型），通过将传送带主动轴直接插入中空孔进行连接，可节省轴方向的空间。安装旋转编码器时，首先把旋转编码器旋转轴的中空孔插入传送带主动轴，上紧旋转编码器轴端的紧定螺栓。然后将固定旋转编码器本体的板簧用螺栓连接到进料口 U 形板的两个螺孔上（**注意：不要完全紧定**），接着用手拨动电动机轴使旋转编码器轴随之旋转，调整板簧位置，直到旋转编码器无跳动，再紧定两个螺栓。

2）由于该旋转编码器的工作电流达 110mA，进行电气接线须特别注意，旋转编码器的正极电源引线（红色）须连接到装置侧接线端子排的 +24V 稳压电源端子上，不宜连接到带有内阻的传感器电源端子 Vcc 上，否则工作电流在内阻上压降过大，将使旋转编码器不能正常工作。

3. 工件在传送带上位移的计算

分拣单元的传送带驱动电动机旋转时，与电动机同轴连接的旋转编码器即向 PLC 输出表征电动机轴角位移的脉冲信号，由 PLC 的高速计数器实现角位移的计数。如果传送带没有打滑现象，则工件在传送带上的位移量与脉冲数就具有一一对应的关系，因此传送带上任一点对进料口中心点（原点）的坐标值可直接用脉冲数表达。PLC 程序则根据坐标值的变化计算出工件的位移量。

脉冲数与位移量的对应关系：分拣单元主动轴的直径 d 约为 43mm，则减速电动机每旋转一周，传送带上工件移动的距离 $L = \pi d = 3.14 \times 43\text{mm} = 135.02\text{mm}$。这样，每两个脉冲之间的距离即脉冲当量 $\mu = L/500 \approx 0.27\text{mm}$，根据 μ 值就可以计算任意脉冲数与位移量的对应关系。例如，按图 6-7 所示的安装尺寸，当工件从进料口中心线（原点位置）移至第一个推料气缸中心点时，旋转编码器约发出 622 个脉冲；移至第二个推料气缸中心点时，约发出 962 个脉冲；移至第三个推料气缸中心点时，约发出 1303 个脉冲。

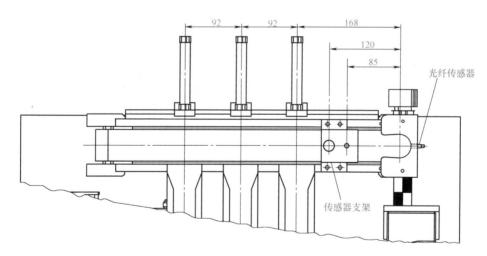

图 6-7　传送带位置计算

应该指出的是，上述脉冲当量的计算只是理论上的。实际上各种误差因素不可避免，例如，传送带主动轴直径（包括传送带厚度）的测量误差，传送带的安装偏差、张紧度等都将影响理论计算值，经此计算得出的各特定位置（各推料气缸中心、检测区出口、各传感器中心相对于进料口中心的位置坐标）的脉冲数同样存在误差，因而只是估算值。实际调试时，宜以这些估算值为基础，通过简单现场测试，综合考虑高速计数器倍频选择，以获得的准确数据作为控制程序编写的依据。

三、S7-200 SMART 系列 PLC 内置的高速计数器

S7-200 SMART CPU 提供了 4 个高速计数器（HSC0～HSC3）。相对于普通计数器，高速计数器用于频率高于机内扫描频率的机外脉冲计数。由于计数信号频率高，S7-200 SMART CPU 采用硬件计数而独立于扫描周期实现。HSC0～HSC3 最高可以测量 200kHz（标准型 CPU，单相）的脉冲信号。

1. 高速计数器的选用

各种编号的高速计数器都占用相对应的输入点，并且还有相对应的计数工作模式，表 6-1 给出了三者之间的关系。

表 6-1　高速计数器的编号、输入点地址、计数模式之间的关系

	说明	输入分配		
计数模式	HSC0	I0. 0	I0. 1	I0. 4
	HSC1	I0. 1		
	HSC2	I0. 2	I0. 3	I0. 5
	HSC3	I0. 3		
模式 0	具有内部方向控制的单相计数器	脉冲		
模式 1		脉冲		复位
模式 3	具有外部方向控制的单相计数器	脉冲	方向	
模式 4		脉冲	方向	复位
模式 6	具有两个脉冲输入的双相计数器	增脉冲	减脉冲	
模式 7		增脉冲	减脉冲	复位
模式 9	A/B 相正交计数器	A 相脉冲	B 相脉冲	
模式 10		A 相脉冲	B 相脉冲	复位

由表 6-1 可见，HSC1 和 HSC3 在 PLC 中只分配一个输入点的地址，因此，只可以选择计数模式 0。HSC0 和 HSC2 分配了 3 点输入，可以工作于表中所列的 8 种计数模式。

可见，使用高速计数器时应先根据计数输入信号的形式与要求确定工作模式，然后选择计数器编号，确定输入地址，只有 PLC 分配了相应的输入点才能工作于对应的计数模式。例如，在分拣单元中，计数输入是由编码器提供的 A/B 相正交信号，且不需要外部复位命令，因此选用模式 9，从而可选用高速计数器 HSC0，PLC 应分配 I0. 0 和 I0. 1 为输入点。

2. 高速计数器的控制

S7-200 SMART 系列 PLC 的每个高速计数器都需要占用连续 10B 的内部系统标志寄存器，地址范围固定为 SMB36～SMB45（HSC0）、SMB46～SMB55（HSC1）、SMB56～SMB65（HSC2）、SMB136～SMB145（HSC3）。内部系统标志寄存器 SM 可为各高速计数器提供组态和操作，它们的作用及分配见表 6-2。

表 6-2　内部系统标志寄存器的作用及分配

作用	内部标志寄存器分配			
	HSC0	HSC1	HSC2	HSC3
计数器状态输出（1B）	SMB36	SMB46	SMB56	SMB136
计数器控制信号（1B）	SMB37	SMB47	SMB57	SMB137
当前计数值（2字，连续 4B）	SMD38	SMD48	SMD58	SMD138
计数预置值（2字，连续 4B）	SMD42	SMD52	SMD62	SMD142

（1）计数器控制信号

每个高速计数器都需要 1B 的控制信号，4 个高速计数器的控制字节详见表 6-3。

表 6-3　高速计数器控制字节

HSC0	HSC1	HSC2	HSC3	说明
SM37.3	SM47.3	SM57.3	SM137.3	计数方向控制位： 0 = 减计数，1 = 加计数
SM37.4	SM47.4	SM57.4	SM137.4	向 HSC 写入计数方向： 0 = 不更新，1 = 更新方向
SM37.5	SM47.5	SM57.5	SM137.5	向 HSC 写入新预设值： 0 = 不更新，1 = 更新预设值
SM37.6	SM47.6	SM57.6	SM137.6	向 HSC 写入新当前值： 0 = 不更新，1 = 更新当前值
SM37.7	SM47.7	SM57.7	SM137.7	启动 HSC： 0 = 禁用 HSC，1 = 启用 HSC

（2）高速计数器寻址

每个高速计数器都有一个初始值和一个预置值，它们都是 32bit 有符号整数。初始值是高速计数器计数的起始值，预置值是计数器运行的目标值。必须先设置控制字节以允许高速计数器装入新的初始值和预置值，并且把初始值和预置值存入特殊存储器中，然后执行 HSC 指令使其有效。当前实际计数值等于预置值时，就会触发一个内部中断事件。当计数值达到最大值时会自动翻转，从负的最大值正向计数。以 HSC0 为例，其当前值是一个 32bit 的有符号整数，从 HSC0 读取。高速计数器当前值、初始值与预设值见表 6-4。

表 6-4　高速计数器当前值、初始值与预设值

项目	HSC0 地址	HSC1 地址	HSC2 地址	HSC3 地址
当前值	HC0	HC1	HC2	HC3
初始值	SMD38	SMD48	SMD58	SMD138
预设值	SMD42	SMD52	SMD62	SMD142

3. 高速计数器的编程

（1）两种方式

有两种方式可以对高速计数器进行编程组态：向导或者直接设置控制字。

1）使用向导方式对高速计数器进行组态编程的具体步骤如下。

① 在 STEP7-Micro/WIN SMART 软件"工具"菜单功能区的"向导"区域中选择"高速计数器"。

② 在 STEP7-Micro/WIN SMART 项目树的"向导"文件夹中双击"高速计数器"。

2）使用直接设置控制字方式对高速计数器进行编程的具体步骤如下。

① 在 SM 存储器中设置控制字节。

② 在 SM 存储器中设置当前值（起始值）。

③ 在 SM 存储器中设置预设值（目标值）。

④ 分配并启用相应的中断例程。

⑤ 定义计数器和模式（对每个计数器只执行一次 HDEF 指令）。

⑥ 激活高速计数器（执行 HSC 指令）。

两种方式均可，但更推荐用户使用向导生成程序。向导组态相对于设置控制字编程，用户可以更加直观地定义功能并最大限度地减小出错概率。但无论选择哪种方式，都必须首先进入系统块对选定的高速计数器输入点进行滤波时间设置，如图 6-8 所示。

图 6-8　高速计数器输入点滤波时间设置

高速计数器输入点滤波时间与可检测到的最大频率的关系如图 6-9 所示。按分拣单元三相异步电动机同步转速为 1500r/min，即 25r/s，考虑减速比为 1∶10，可知分拣单元主动轴转速理论最大值为 2.5r/s，旋转编码器为 500 线（500 脉冲数/r），所以 PLC 脉冲输入的最大频率为 $2.5×500＝1250$ 脉冲数/s，即 1.25kHz，实际运行达不到此速度，故可选 0.4ms。

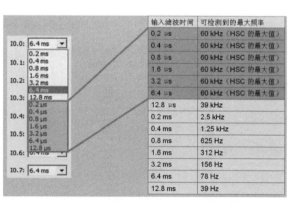

图 6-9　滤波时间与检测频率的对应关系

（2）向导组态

向导组态可以使用户快速地根据工艺配置高速计数器。向导组态完成后，用户可直接在程序中调用向导生成的子程序，也可将生成的子程序根据自己的要求进行修改，从而为用户提供灵活的编程方式。通过向导组态编程的步骤如下。

1）在弹出的"高速计数器向导"对话框中选择需要组态的高速计数器，本项目选择 HSC0，如图 6-10 所示。

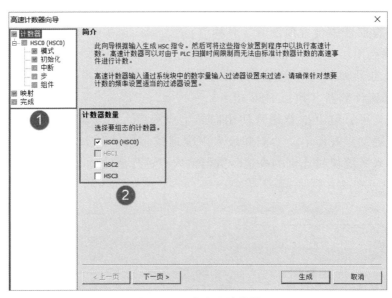

图 6-10　组态高速计数器

2）高速计数器的模式选择。如图 6-11 所示，在下拉菜单中可选择模式 0，1，3，4，6，7，9，10。本项目选择模式 9。

图 6-11　模式选择

3) 高速计数器初始化组态。本项目设置如图 6-12 所示。各选项具体含义如下。

① 高速计数器初始化设置。

② 初始化子程序名。

③ 预设值（PV）：用于产生预设值（CV = PV）中断。

④ 当前值（CV）：设置当前计数器的初始值，可用于初始化或复位高速计数器。

⑤ 输入初始计数方向：对于没有外部方向控制的计数器，需要在此定义计数器的计数方向。

⑥ 复位信号电平选择，若有外部复位信号，则需要选择复位的有效电平，上限为高电平有效，下限为低电平有效。

⑦ A/B 相计数时的倍速选择，可选 1 倍速（1×）与 4 倍速（4×）。1 倍速时，相位相差 90°的两个脉冲输入后，计数器值加 1。4 倍速时，相位相差 90°的两个脉冲输入后，计数器值加 4。由于其对两个脉冲的上升沿和下降沿分别进行计数，所以可提升旋转编码器的分辨率。

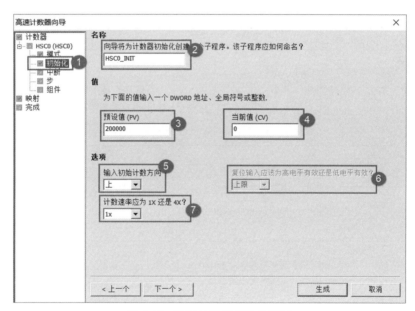

图 6-12　高速计数器初始化组态

4) I/O 映射表。如图 6-13 所示，I/O 映射表中显示了所使用的 HSC 资源及其占用的输入点，同时显示了根据滤波器的设置，当前计数器所能达到的最大计数频率。由于 CPU 的 HSC 输入需要经过滤波器，所以在使用 HSC 之前一定要注意所使用输入点的滤波时间。

5) 生成代码。在图 6-13 所示界面中，选择"完成"页，单击下方的"生成"按钮，项目中便生成了高速计数器的初始化子程序"HSC0_INIT"。在项目树的程序块中，右击生成的 HSC_INIT 子程序，在弹出快捷菜单中选择"打开"命令即可在程序编辑器中打开对应的子程序，见表 6-5。

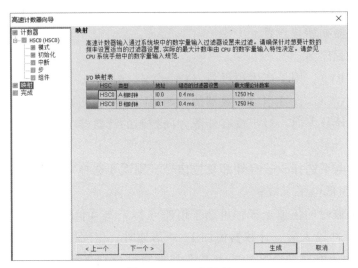

图 6-13　I/O 映射表

表 6-5　初始化子程序 "HSC0_INIT"

程序段	注释
1　Always~:SM0.0　MOV_B　EN ENO　16#F8-IN OUT-HSC0~:SMD37	写控制字 16#F8 到 SMB37：启用计数器、写入当前值、写入新预设值、将方向设置为加计数
2　Always~:SM0.0　MOV_DW　EN ENO　+0-IN OUT-HSC0~:SMD38	设置当前值（起始值）CV = 0 到 SMD38
3　Always~:SM0.0　MOV_DW　EN ENO　+200000-IN OUT-HSC0~:SMD42	设置预设值（目标值）PV = 200000 到 SMD42
4　Always~:SM0.0　HDEF　EN ENO　0-HSC 9-MODE	高数计数器定义指令 HDEF，定义使用 HSC0 和模式 9
5　Always~:SM0.0　HSC　EN ENO　0-N	HSC 指令：激活高速计数器 HSC0

高速计数器的两个指令 HDEF 和 HSC 原则上只需调用一个扫描周期,如果每个扫描周期都调用,高速计数器将会一直处于初始化状态,导致无法计数。所以,主程序在调用高数计数器组态子程序时,应注意此点。

四、西门子 G120C 变频器的使用

由于西门子 MM420 系列变频器面临停产,故将其替换为 G120C USS/MB 型变频器(以下简称 G120C 变频器)。无滤波型且带 USS 现场总线的变频器订货号为 6SL3210-1KE12-3UB2,其含义如图 6-14 所示,外形如图 6-15 所示,尺寸 FSAA[⊖](B = 73mm,H = 195mm,T = 200mm)。

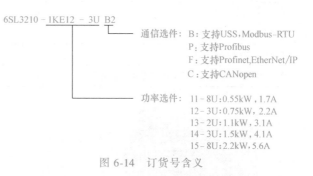

图 6-14 订货号含义

在使用西门子操作面板 BOP-2 进行调试时,需要拆下变频器的保护盖,然后安装 BOP-2。具体安装步骤:首先,将 BOP-2 下边缘插入变频器对应的凹槽中,然后推 BOP-2 的上方进入变频器凹槽,直至释放制动片卡入变频器外壳壳体,听到 BOP-2 在变频器外壳上卡紧的声音,便成功地安装了 BOP-2。若要将 BOP-2 从变频器上拆卸掉,则只须按下释放制动片并从变频器凹槽取出 BOP-2 即可。具体如图 6-16 所示。

图 6-15 G120C 变频器外形

图 6-16 插入 BOP-2

1. G120C 变频器的安装与接线

拆下变频器操作面板,打开正面门盖,可以看到变频器的控制接口,如图 6-17 所示。G120C USS/MB 端子排说明见表 6-6。

表 6-6 G120C USS/MB 型变频器端子排说明

序号	说　　明
①	端子排 X138
②	端子排 X137
③	端子排 X136
④	操作面板接口 X21
⑤	存储卡插槽

⊖ FSAA 是尺寸代号,对应变频器一种外形尺寸。

（续）

序号	说　明
⑥	AI0 的开关(I:电流输入；U:电压输入)
⑦	总线地址开关
⑧	USB 接口 X22,用于连接 PC
⑨	状态 LED
⑩	端子排 X139
⑪	总线终端开关
⑫	现场总线接口 X128(位于变频器底部)

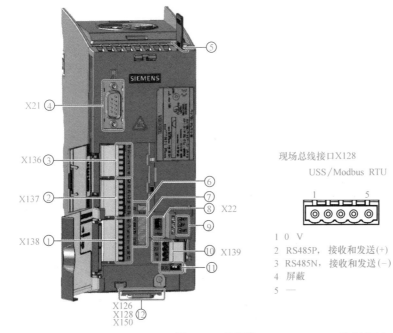

现场总线接口X128

USS / Modbus RTU

1 0 V
2 RS485P，接收和发送(+)
3 RS485N，接收和发送(−)
4 屏蔽
5 —

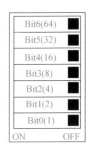

⑦总线地址开关

Bit6(64)	
Bit5(32)	
Bit4(16)	
Bit3(8)	
Bit2(4)	
Bit1(2)	
Bit0(1)	
ON	OFF

图 6-17　变频器 G120C USS/MB 控制接口

（1）主电路接口及接线

在变频器的底部有电源、电动机和制动电阻的接口，如图 6-18 所示。其中，L1、L2、L3、PE 接三相电源，U、V、W、PE 接三相异步电动机，R_1、R_2 接制动电阻。

图 6-18　主电路接线参考图

（2）控制电路接口及接线

X136、X137、X138、X139 各数字量端子接线时，可使用变频器内部电源，也可以使用外部电源；可接源型触点，也可接漏型触点。使用变频器内部 24V 电源，接源型触点的布线如图 6-19 所示，端子排各引脚说明见表 6-7。

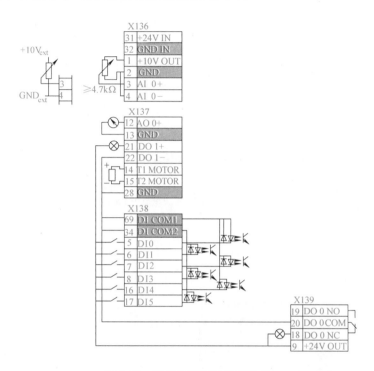

图 6-19　使用内部 24V 电源布线

表 6-7　端子排各引脚说明

端子排	引脚号	引脚名称	接线说明
X136	31	+24V IN	可选的 24V 电源输入连接
	32	GND IN	
	1	+10V OUT	10V 输出，相对于 GND，最大输出电流为 10mA
	2	GND	总参考电位（基于端子 1、9、12）
	3	AI 0+	模拟量输入 0（−10~10V，0/4~20mA，−20~20mA）
	4	AI 0−	模拟量输入 0 的参考电位
X137	12	AO 0+	模拟量输出 0（0~10V，0~20mA）
	13	GND	总参考电位（基于端子 1、9、12）
	21	DO 1+	数字量输出 1，最大为 0.5A，DC 30V
	22	DO 1−	
	14	T1 MOTOR	温度传感器（PTC、KTY84、Pt1000、双金属片）
	15	T2 MOTOR	
	28	GND	总参考电位（基于端子 1、9、12）

（续）

端子排	引脚号	引脚名称	接线说明
X138	69	DI COM1	数字量输入 0、2 和 4 的参考电位（基于端子 5、7、16）
	34	DI COM2	数字量输入 1、3 和 5 的参考电位（基于端子 6、8、17）
	5	DI 0	数字量输入 0
	6	DI 1	数字量输入 1
	7	DI 2	数字量输入 2
	8	DI 3	数字量输入 3
	16	DI 4	数字量输入 4
	17	DI 5	数字量输入 5
X139	19	DO 0 NO	数字量输出 0，最大输出电流为 0.5A，输出电压为 DC 30V
	20	DO 0 COM	
	18	DO 0 NC	
	9	+24V OUT	24V 输出，最大输出电流为 100mA

2. BOP-2 操作面板

BOP-2 通过一个 RS232 接口连接到变频器，它能自动识别 SINAMICS G120C 变频器。BOP-2 操作面板（简称"BOP2"）如图 6-20 所示。

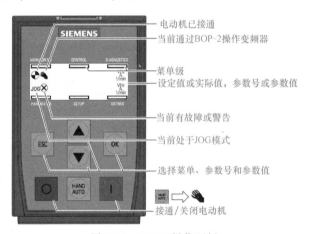

图 6-20　BOP-2 操作面板

（1）BOP-2 按键的功能

BOP-2 按键的具体功能见表 6-8。

表 6-8　BOP-2 按键的功能

按键	名称	功能
OK	OK 键	浏览菜单时，按 OK 键确定选择一个菜单项 进行参数操作时，按 OK 键允许修改参数。再次按 OK 键，确认输入的值并返回上一页 在故障屏幕清除故障

（续）

按键	名称	功能
▲	向上键	当浏览菜单时，该键将光标移至向上选择当前菜单下的显示列表 当编辑参数值时，按该键增大数值 如果激活 HAND 模式和点动功能，同时长按向上键和向下键有以下作用： 当反向功能开启时，关闭反向功能 当反向功能关闭时，开启反向功能
▼	向下键	当浏览菜单时，该键将光标移至向下选择当前菜单下的显示列表 当编辑参数值时，按该键减小数值
ESC	ESC 键	如果按下时间不超过 2s，则返回上一页。如果正在编辑数值，新数值不会被保存 如果按下时间超过 3s，则返回状态屏幕 在参数编辑模式下使用 ESC 键时，除非先按 OK 键，否则数据不能被保存
I	开机键	在 AUTO 模式下，开机键未被激活，即使按下它也会被忽略 在 HAND 模式下，变频器起动电动机；操作面板屏幕显示驱动运行图标
○	关机键	在 AUTO 模式下，关机键不起作用，即使按下它也会被忽略 如果按下时间超过 2s，变频器将执行 OFF2 命令；电动机将停机 如果按下时间不超过 3s，变频器将执行以下操作： 如果两次按关机键不超过 2s，将执行 OFF2 命令 如果在 HAND 模式下，变频器将执行 OFF1 命令；电动机将在参数 P1121 中设置的减速时间内停机
HAND AUTO	HAND/AUTO 键	切换 BOP2(HAND) 和现场总线（AUTO）之间的命令源 在 HAND 模式下，按 HAND/AUTO 键将变频器切换到 AUTO 模式，并禁用开机键和关机键 在 AUTO 模式下，按 HAND/AUTO 键将变频器切换到 HAND 模式，并禁用开机键和关机键 在电动机运行时也可切换 HAND 模式和 AUTO 模式

（2）BOP-2 的面板图标

BOP-2 在显示屏的左侧显示很多表示变频器当前状态的图标，这些图标的说明见表 6-9。

表 6-9　BOP-2 的面板图标说明

图标	功能	状态	描述
🖐	命令源	手动模式	当 HAND 模式启用时，显示该图标；当 AUTO 模式启用时，无图标显示
⊕	变频器状态	运行状态	表示变频器和电动机处于运行状态
JOG	点动	点动功能激活	变频器和电动机处于点动模式

（续）

图标	功能	状态	描述
✖	故障/报警	故障或报警等待 闪烁的符号=故障 稳定的符号=报警	如果检测到故障,变频器将停止,用户必须采取 必要的纠正措施,以清除故障。报警是一种状态 (例如,过热),它并不会停止变频器运行

（3）BOP-2 的菜单结构

BOP-2 是一个菜单驱动设备，菜单结构如图 6-21 所示，具体功能描述见表 6-10。BOP-2 的六个顶层菜单为监视菜单（MONITOR）、控制菜单（CONTROL）、诊断菜单（DIAGNOS）、参数菜单（PARAMS）、设置菜单（SETUP）和附加菜单（EXTRAS）。

接通电源时，BOP-2 操作面板显示为设定值和实际转速，按下 ESC 键返回顶层菜单 MONITOR，然后可通过向上键或向下键在各顶层菜单之间切换。

表 6-10   BOP-2 菜单功能描述

菜单	功 能 描 述
MONITOR	显示变频器/电动机系统的实际状态,如运行速度、电压和电流值等
CONTROL	使用 BOP-2 面板控制变频器,可以激活设定值、点动和反向模式
DIAGNOS	故障报警和控制字、状态字的显示
PARAMS	查看并修改参数
SETUP	调试向导,可以对变频器执行快速调试
EXTRAS	执行附加功能,如设备的工厂复位和数据备份

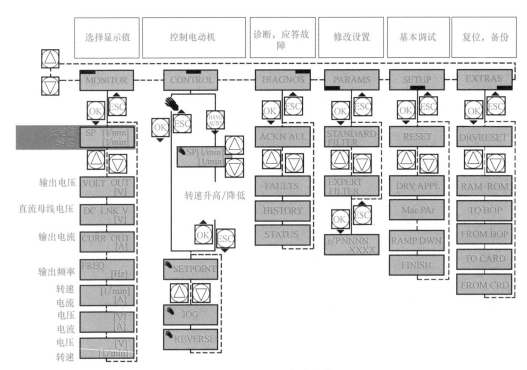

图 6-21   BOP-2 的菜单结构

（4）BOP-2 的常用操作

1）参数过滤。参数菜单 PARAMS 允许用户查看和更改变频器参数。用于设置读写参数权限的参为 P0003，设置 3 为专家级，4 为维修级。此外，BOP-2 参数菜单中也有两个过滤器可用于协助选择和搜索所有变频器参数，它们分别是标准过滤器和专家过滤器。

① 标准过滤器（STANDARD FILTER）：此过滤器可以访问安装 BOP-2 的特定类型控制单元最常用的参数。

② 专家过滤器（EXPERT FILTER）：此过滤器可以访问所有变频器参数。

2）参数的编辑和修改。G120C 变频器的参数中，前置 "r" 表示该参数是显示参数（只读）；前置 "P" 表示该参数是可调参数（可读写）。例如，P0918 表示可调参数 918；r0944 表示显示参数 944。而 P1070［1］则表示可调参数 1070，下标为 1；P2051［0...13］表示可调参数 2051，下标为 0~13。

在参数菜单 PARAMS 中，编辑和修改可调参数有两种方法：单位数编辑（方法 2）和滚动编辑（方法 1），具体如图 6-22 所示。单位数编辑：当某参数号或参数值闪烁时，长按 [OK]（>2s），对参数号或参数值的每一位通过按 [▲] 和 [▼] 进行编辑修改，修改完成后，按 [OK] 确认退出。滚动编辑：当某参数号或参数值闪烁时，通过按 [▲] 和 [▼] 滚动显示找到所需要的参数号或参数值，修改编辑完后，按 [OK] 确认退出。

3. 用 BOP-2 对 G120C 变频器进行基本调试

（1）恢复出厂设置

初次使用 GI20 变频器、在调试过程中出现异常或已经使用过的变频器需要重新调试时，都需要将变频器恢复为出厂设置。通过 BOP-2 恢复出厂设置有两种方式：一种是

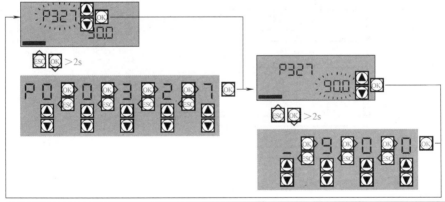

选择参数号		修改参数值	
当显示屏上的参数号闪烁时，有两种方法可以修改参数号		当显示屏上的参数值闪烁时，有两种方法可以修改参数值	
方法1	方法2	方法1	方法2
用向上键或向下键增加或减小参数号，直到出现所需参数号	按下OK键，保持2s，然后依次输入参数号	用向上键或向下键增加或减小参数值，直到出现所需的参数值	按下OK键，保持2s，然后依次输入参数值
按下OK键，传送参数号		按下OK键，传送参数值	

图 6-22　参数选择和编辑

通过"EXTRAS"菜单项的"DRVRESET"实现；另一种是通过基本调试"SETUP"菜单项中集成的"RESET"实现。

此外，也可以通过设置参数 P0010 和 P0970 实现变频器全部参数的复位。操作步骤：① 设定 P0010 = 30；② 设定 P0970 = 1。

P0010：驱动调试参数筛选。P0010 常用设定值为：0（就绪）、1（快速调试）、2（功率单元调试）、3（电动机调试）、30（参数复位），出厂默认设置为1。

P0970：驱动变频器参数复位。P0970 常用设定值为：0（当前无效）、1（启动参数复位）、3（从 RAM 载入易失保存的参数）、5（启动安全参数的复位），出厂默认设置为0。

（2）快速调试步骤

切换顶层菜单至"SETUP"，按 OK 键进入，执行完恢复出厂设置后，启动快速调试。快速调试按固定顺序进行，从而允许用户执行变频器的标准调试、基本调试。标准调试过程中要求输入与变频器相连的电动机的具体数据，可从电动机的铭牌上获取。具体操作按图 6-23 所示步骤依次进行即可。

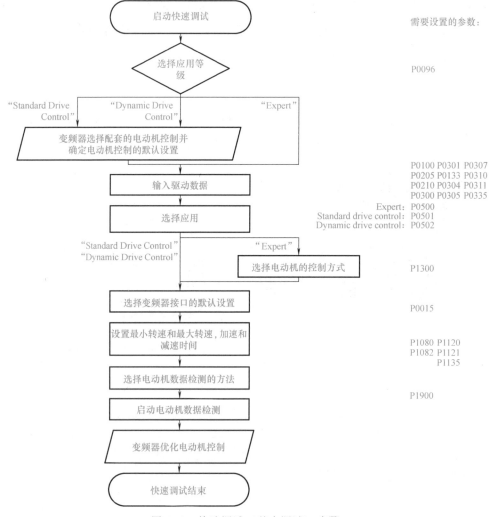

图 6-23　快速调试（基本调试）步骤

（3）预设置接口宏

G120C 变频器为满足不同的接口定义，提供了 17 种预设置接口宏：预设置 1、2、3、4、5、7、8、9、12、13、14、15、17、18、19、20、21。利用预设置接口宏可以方便地设置变频器命令源和设定值源。可以通过参数 P0015 修改宏，但须在 P0010 = 1 时修改。所以，修改 P0015 的步骤是：①设置 P0010 = 1；②修改参数 P0015；③设置 P0010 = 0。

在选用宏功能时需注意：如果其中一种宏定义的接口方式完全符合现场应用，那么按照该宏的接线方式设计原理图，并在调试时选择相应的宏功能，即可方便地实现控制要求。如果所有宏定义的接口方式都不完全符合现场应用，那么需要选择与实际布线比较接近的接口宏，然后根据需要调整输入/输出的配置。

本部分只介绍 YL-335B 型自动化生产线所涉及的 6 种预设置，见表 6-11，其他详见 G120C 变频器说明书。

表 6-11　预设置接口宏程序

①预设置 1:两种固定频率	②预设置 7:通过 DI 3 在现场总线和 JOG 之间切换
 5 DI 0　ON/OFF1(右侧) 6 DI 1　ON/OFF1(左侧) 7 DI 2　应答故障 16 DI 4　转速固定设定值 3 17 DI 5　转速固定设定值 4 18 DO 0　故障 19 20 21 DO 1　报警 22 12 AO 0　转速实际值	DI 3 = 1　通过 PROFIdrive 报文 1 控制 DI 3 = 0　现场总线接口无效 5 DI 0　DI 3 = 0　没有功能 　　　　　DI 3 = 1　JOG 1 6 DI 1　DI 3 = 0　没有功能 　　　　　DI 3 = 1　JOG 2 7 DI 2　应答故障 8 DI 3　控制和设定值切换　DI 3 = 0　报文 1 　　　　　　　　　　　　　DI 3 = 1　手动方式 报文 1, PZD2　DI 3 = 0 JOG 1 或 2 转速设定值　DI 3 = 1　转速设定值 18 DO 0　故障 19 20 21 DO 1　报警 22 12 AO 0　转速实际值
转速固定设定值 3:P1003 转速固定设定值 4:P1004 DI 4 和 DI 5 = 高,两个转速固定设定值相加	JOG 1 转速设定值:P1058 JOG 2 转速设定值:P1059
③预设置 12:带模拟量设定值的标准 I/O	④预设置 13:带模拟量设定值和安全功能的标准 I/O
5 DI 0　ON/OFF1 6 DI 1　换向 7 DI 2　应答故障 3 AI 0+　转速设定值 18 DO 0　故障 19 20 21 DO 1　报警 22 12 AO 0　转速实际值	5 DI 0　ON/OFF1 6 DI 1　换向 7 DI 2　应答故障 16 DI 4　预留于安全功能 17 DI 5 3 AI 0+　转速设定值 18 DO 0　故障 19 20 21 DO 1　报警 22 12 AO 0　转速实际值
模拟量输入类型:P756[00] 模拟量输出类型:P776[00]	模拟量输入类型:P756[00] 模拟量输出类型:P776[00]

（续）

⑤预设置17：二线制(向前/向后1)	⑥预设置21：USS 现场总线
5 DI 0 ON/OFF1正转 6 DI 1 ON/OFF反转 7 DI 2 应答故障 3 AI 0+ 转速设定值 18 DO 0 故障 19 20 21 DO 1 报警 22 12 AO 0 转速实际值	7 DI 2 应答故障 18 DO 0 故障 19 20 21 DO 1 报警 22 12 AO 0 转速实际值
模拟量输入类型：P756[00] 模拟量输出类型：P776[00]	转速设定(主设定值)： P1070[0] = 2050[1]

（4）二段速调速示例

按图 6-24 所示接线，切换到设置菜单 "SETUP"，按 OK，显示 "RESET"，按 "YES" 后，显示 "DRV APPL P96"，然后依次按表 6-12 设置参数，当设置完最后一个参数 P1900 时，出现 "FINISH"，按 OK，然后按 "向下" 键，选择 "YES" 后，再次按 OK 退出。

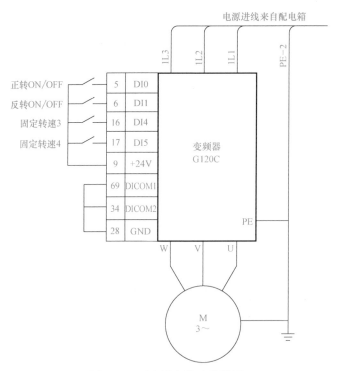

图 6-24　两个固定转速接线图

然后返回顶层菜单 "PARAMS" 设置：P1003 = 1200（固定转速 3）；P1004 = 1300（固定转速 4）。

按下"正转 ON/OFF"按钮，选择固定转速 3 或固定转速 4，变频器便拖动电动机以 1200r/min 或 1300r/min 的速度正转运行；按下"反转 ON/OFF"按钮，选择固定转速 3 或固定转速 4，变频器便拖动电动机以 1200r/min 或 1300r/min 的速度反转运行。

表 6-12　基本调试参数设置

序号	参数	默认值	设置值	备注说明
1	P96	0	1	选择应用等级——标准驱动控制 SDC(变频器选择配套的电动机控制)
2	P100	0	0	电动机标准(选择 IEC 电动机,50Hz,英制单位)
3	P210	400	380	变频器输入电压,单位为 V
4	P300	1	1	选择电动机类型(异步电动机)
	87Hz?	no	no	电机 87Hz 运行。只有选择了 IEC 作为电动机标准,BOP-2 才会显示该步骤
5	P304	400	380	电动机额定电压,单位为 V
6	P305	1.70	0.18	电动机额定电流,单位为 A
7	P307	0.55	0.03	电动机额定功率,单位为 kW
8	P310	50	50	电动机额定频率,单位为 Hz
9	P311	1395	1300	电动机额定转速,单位为 r/min
10	P335	0	0	SELF 自冷方式
11	P501	0	0	工艺应用:恒定负载
12	P15	7	1	宏程序选择
13	P1080	0	0	最小转速,单位为 r/min
14	P1082	1500	1500	最大转速,单位为 r/min
15	P1120	10	1.0	上升时间,单位为 s
16	P1121	10	1.0	下降时间,单位为 s
17	P1135	0	0	符合 OFF3 指令的斜降时间
18	P1900	0	0	OFF 无电动机数据监测

注意：调试过程中，变频器上电时，若 BF 灯闪烁，即 DP 通信故障，则须设置 P2030 = 0（无协议），并断电再上电即可。此外，若出现 F7801 过电流报警，试调整电流极限参数 P640 = 4.0×P305 = 0.72A。

任务一　分拣单元装置侧的安装与调试

一、工作任务

分拣单元装置侧设备安装平面图如图 6-25 所示，要求学生完成装置侧机械部件的安装，气路连接和调整以及电气接线；并能熟练地使用变频器操作面板驱动电动机试运行，能检查传动机构的安装质量。

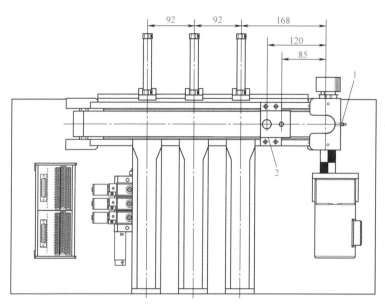

图 6-25　装置侧设备安装平面图

1—光纤传感器　2—传感器支架

二、机械部件装配的步骤和方法

分拣单元机械部件的装配可按以下两个阶段进行。

1）带传动机构的安装步骤见表 6-13。

"分拣安装"视频

表 6-13　带传动机构的安装步骤

步骤 1：传送带侧板、传送带托板组件装配	步骤 2：套入传送带
步骤 3：安装主动轮组件	步骤 4：安装从动轮组件
步骤 5：安装传送带组件	步骤 6：将传送带组件安装在底板上

（续）

步骤7:装配联轴器	步骤8:连接驱动电动机组件与传送带组件
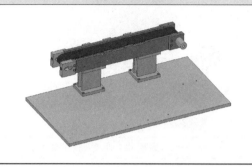	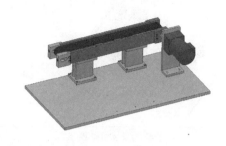

部分安装步骤的注意事项如下。

步骤1：传送带侧板、传送带托板组件装配。应注意传送带托板与传送带两侧板的固定位置要调整好，以免传送带安装后凹入侧板表面，造成传送时工件被卡住的现象。

步骤3和步骤4：主动轮组件和从动轮组件的安装。应注意主动轴和从动轴的安装位置不能错，主动轴和从动轴安装板的位置不能相互调换。

步骤6：在底板上安装传送带组件并调整传送带张紧度。应注意传送带张紧度要调整适中，并保证主动轴和从动轴的平行。

步骤8：连接驱动电动机组件与传送带组件，须注意联轴器的装配步骤。

① 将联轴器套筒固定在传送带主动轴上，套筒与轴承座距离为 0.5mm（用塞尺测量）。

② 电动机预固定在支架上，不要完全紧定，然后将联轴器套筒固定在电动机主轴上，接着把组件安装到底板上，同样不要完全紧定。

③ 将弹性滑块放入传送带主动轴套筒内。沿支架上下移动电动机，使两套筒对准。

④ 套筒对准之后，紧定电动机与支座连接的4个螺栓；用手扶正电动机之后，紧定支座与底板连接的两个螺栓。

2）分拣机构的安装步骤见表 6-14。

表 6-14　分拣机构的安装步骤

步骤1:安装滑动导轨和可滑动气缸支座	步骤2:装配出料槽及支承板

（续）

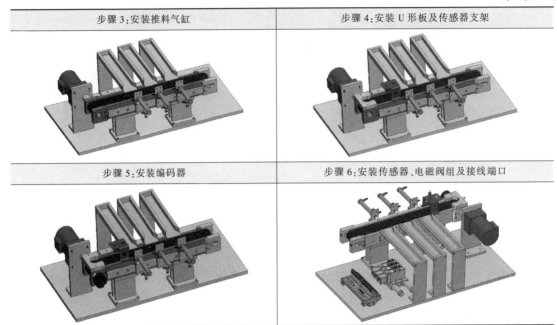

步骤 3：安装推料气缸	步骤 4：安装 U 形板及传感器支架
步骤 5：安装编码器	步骤 6：安装传感器、电磁阀组及接线端口

三、气路连接、调整和电气接线

1）按照图 6-3 所示的气动控制回路工作原理图连接气路，然后接通气源，用电磁阀上的手动换向按钮验证各推料气缸的初始位置和动作位置是否正确，调整各气缸节流阀，使得气缸动作时无冲击、无卡滞现象。

2）按照表 6-15 所给出的分拣单元装置侧的接线端口信号端子分配方式连接控制电路。表中光纤传感器 1 用于进料口工件检测，光纤传感器 2 用于检测芯件的颜色属性，电感传感器用于检测金属芯件。

表 6-15　分拣单元装置侧的接线端口信号端子的分配

输入端口中间层			输出端口中间层		
端子号	设备符号	信号线	端子号	设备符号	信号线
2	DECODE	旋转编码器 B 相（白色线）	2	1Y	推杆 1 电磁阀
3	DECODE	旋转编码器 A 相（绿色线）	3	2Y	推杆 2 电磁阀
4	BG1	光电传感器	4	3Y	推杆 3 电磁阀
5	BG2	光纤传感器 1			
6	BG3	电感传感器 1			
7	BG4	光纤传感器 2			
8	1B	推杆 1 推出到位			
9	2B	推杆 2 推出到位			
10	3B	推杆 3 推出到位			
12#~17#端子没有连接			5#~14#端子没有连接		

3）完成变频器主电路的接线，以便驱动三相电动机试运行。

4）通过变频器操作面板操控电动机试运行，检测传动机构的安装质量

若变频器的主电路接线已经完成，接通三相电源后就可以借助操作面板用变频器直接驱动电动机试运行，以便检查其安装质量。具体操作步骤如下。

1）快速调试：进入"SETUP"菜单，执行完"RESET"后，设置宏连接参数P15＝1，其他参数与表6-12相同。除此之外，还需要设置点动速度和长动速度。

① 设置点动速度：进入"PARAMS"菜单，找到P1058并设置JOG1速度为1000r/min。

② 设置长动速度：切换BOP-2上 HAND AUTO 至手动模式🖐，然后进入"CONTROL"菜单，找到"SETPOINT"，设定SP⊖长动速度为1100r/min。

2）功能测试：返回"MONITOR"菜单的转速显示界面。

按 I ，变频器拖动电动机以1100r/min的速度旋转，按 O ，电动机停止。如在"CONTROL"菜单中选择JOG为ON，则按下 I 时，电动机旋转，松开时，电动机停止，旋转速度为1000r/min。如在"CONTROL"菜单中选择REVERSE，则电动机便会反转。

传动机构投入试运行后，应仔细观察其运行状况，如传动机构运行时有无跳动、工件有无跑偏、传送带有无打滑等情况，以便采取相应措施进行调整。

任务二　分拣单元的PLC控制实训

一、工作任务

在分拣单元装置侧安装完成的基础上，本任务主要考虑PLC侧的电气接线、程序编写、参数设置、系统机电联调，最终实现设备工作目标：完成对白色芯、黑色芯和金属芯工件的分拣，根据芯件属性的不同，分别推入1号、2号和3号出料滑槽中。具体要求如下。

1）设备上电且气源接通后，若分拣单元的三个气缸均处于缩回位置，电动机为停止状态，且传送带进料口没有工件，则"准备就绪"指示灯HL1常亮，表示设备准备好；否则，指示灯HL1以1Hz的频率闪烁。

2）若设备准备好，按下按钮SB1，系统启动，"设备运行"指示灯HL2常亮，HL1熄灭。当进料口传感器检测到进料口有料时，变频器启动，驱动传送带运转，带动工件首先进入检测区，经传感器检测获得工件属性，然后进入分拣区进行分拣。

当满足某一出料滑槽推入条件的工件到达该出料滑槽中间位置时，传送带停止，相应气缸活塞杆伸出，将工件推入滑槽中。气缸复位后，分拣单元的一个工作周期结束。这时可再次向传送带送料，开始下一工作周期。

⊖ SP是Spindle的缩写。此处表示主轴拖动电动机。

3）如果在运行期间再次按下 SB1，该工作单元在本工作周期结束后停止运行，"设备运行"指示灯 HL2 熄灭。

4）变频器可以输出 600r/min 和 750r/min 两个固定转速驱动传送带，两个转速的切换控制由按钮/指示灯上的急停按钮 QS 实现。当 QS 抬起时，输出频率为 600r/min，当 QS 按下时，输出频率为 750r/min。当传送带正在运转时，若改变 QS 状态，则变频器应在下一工作周期才改变输出频率。

二、PLC 控制电路的设计和电路接线

"分拣 PLC 侧
接线"动画

1. PLC 控制电路的设计思路

对分拣单元的控制，要考虑的不仅有对气动元件的逻辑控制，还包括对传送带的传送控制、变频器的速度等运动控制。相关的接口如下。

1）PLC 选用高速计数器 HSC0 对旋转编码器输出的 A、B 相脉冲进行高速计数，故两相脉冲信号线应连接到 PLC 的输入点 I0.0 和 I0.1。其中，为了能在传送带正向运行时，PLC 的高速计数器为增计数，旋转编码器实际接线时其白色线应连接到 PLC 的 I0.0，绿色线应连接到 I0.1（这样连接并不影响旋转编码器的性能）。此外，传送带不需要起始零点信号，Z 相脉冲没有连接。

2）选择宏程序 1 "两个固定转速"功能控制变频器输出转速，以实现 600r/min 和 750r/min 两个固定转速的控制要求。

2. PLC 控制电路的接线

根据上述考虑，分拣单元 PLC 选用 SR40 AC/DC/RLY，具体 I/O 分配见表 6-16，I/O 接线原理如图 6-26 所示。

表 6-16 分拣单元 PLC 的 I/O 分配

输入信号				输出信号			
序号	PLC 输入点	信号名称	信号来源	序号	PLC 输出点	信号名称	信号来源
1	I0.0	旋转编码器 B 相（白色线）	装置侧	1	Q0.0	正转	变频器侧
2	I0.1	旋转编码器 A 相（绿色线）		2	Q0.1	固定转速 1	
3	I0.2	光电传感器（BG1）		3	Q0.2	固定转速 2	
4	I0.3	光纤传感器 1（BG2）		4	Q0.4	推杆 1 电磁阀（1Y）	装置侧
5	I0.4	电感传感器 1（BG3）		5	Q0.5	推杆 2 电磁阀（2Y）	
6	I0.5	光纤传感器 2（BG4）		6	Q0.6	推杆 3 电磁阀（3Y）	
7	I0.7	推杆 1 推出到位（1B）		7	Q0.7	正常工作（HL1）	按钮/指示灯模块
8	I1.0	推杆 2 推出到位（2B）		8	Q1.0	运行指示（HL2）	
9	I1.1	推杆 3 推出到位（3B）		9	Q1.1	故障指示（HL3）	
10	I1.2	起停按钮（SB1）	按钮/指示灯模块				
11	I1.4	急停按钮（QS）					
12	I1.5	工作方式选择（SA）					

其中，光电传感器与光纤传感器 1 安装于进料口，任选其一用于进料检测，本例中选用前者（后者兼有检测外壳工件颜色属性的功能）。光纤传感器 2 与电感传感器 1 竖直安装在传感器支架上，用于检测芯件属性；项目七中加装了电感传感器 2，安装于传感器支架的侧面，用于检测外壳工件的金属属性。

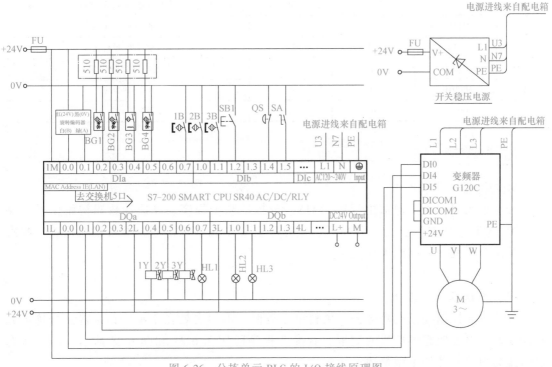

图 6-26　分拣单元 PLC 的 I/O 接线原理图

三、变频器的参数设置

完成系统硬件接线并上电后，G120C 变频器参数设置见表 6-17。

表 6-17　G120C 变频器参数设置

序号	参数	默认值	设置值	说明
1	P0010	0	30	参数复位
2	P0970	0	1	触发驱动参数复位
3	P0010	0	1	快速调试
4	P0015	7	1	宏连接
5	P0300	1	1	设置为异步电动机
6	P0304	400	380	电动机额定电压，单位为 V
7	P0305	1.70	0.18	电动机额定电流，单位为 A
8	P0307	0.55	0.03	电动机额定功率，单位为 kW
9	P0310	50	50	电动机额定频率，单位为 Hz
10	P0311	1395	1300	电动机额定转速，单位为 r/min
11	P0341	0.001571	0.00001	电动机转动惯量，单位为 $kg \cdot m^2$

（续）

序号	参数	默认值	设置值	说明
12	P1003	0.000	600	固定转速 3,单位为 r/min
13	P1004	0.000	750	固定转速 4,单位为 r/min
14	P1082	1500	1500	最大转速,单位为 r/min
15	P1120	10	0.1	加速时间,单位为 s
16	P1121	10	0.1	减速时间,单位为 s
17	P1900	2	0	电动机数据检查
18	P0010	0	0	电动机就绪
19	P0971	0	1	保存驱动对象

四、编写和调试 PLC 控制程序

1. 程序控制结构

分拣单元编程主要包括主程序 MAIN、分拣控制子程序、高速计数器初始化子程序 "HSC0_INIT"。类似于其他工作单元，主程序主要完成系统起停、准备就绪检查、状态显示及两个子程序的调用等功能。

2. PLC 程序编写

（1）系统起动与停止

分拣单元控制程序起停部分与供料单元类似，不同之处在于单按钮起停。分拣单元起停条件、单按钮起停信号的获取，其参考程序段如图 6-27 和图 6-28 所示。因其状态显示较为简单，此处不做赘述。

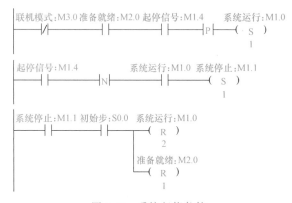

图 6-27　系统起停条件

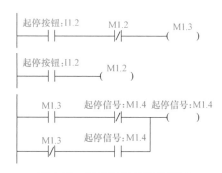

图 6-28　单按钮起停信号获取

（2）分拣单元的主要工作过程

分拣控制子程序是一个步进顺序控制程序，初始步 S0.0 在 PLC 上电时被置位。当起动条件满足，系统运行状态标志为 ON 时，只要进料口检测有料，便初始化高速计数器，同时给出变频器输出频率信号，延时时间到，起动电动机运行，进入工件检测步 1、工件检测步 2，当确认工件属性后，在流向分析步分析工件去处。当推杆伸出后，进入返回步，复位工件属性标志，然后返回初始步。具体流程如图 6-29 所示。具体程序见表 6-18。表中给出了程序分支和汇合具体细节，以及注意要点等。

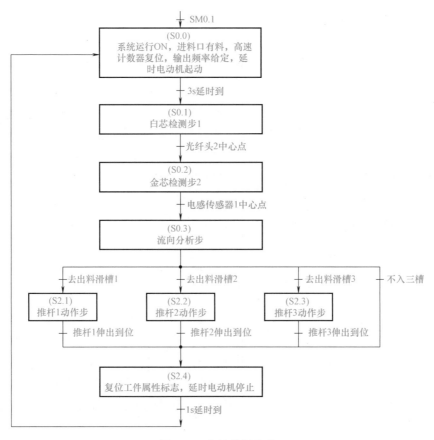

图 6-29　分拣控制流程

（3）检测点与分拣位置处脉冲数的现场测试

PLC 上电并为 RUN 状态时，主程序中采用 SM0.1 调用高速计数器子程序。检测点与分拣位置处脉冲数量测试步骤如下。

1）打开状态图表，输入所需要监控的数据地址，如图 6-30 所示。未按起动按钮前，放工件于进料口中心，手动慢慢旋转电动机联轴器，使工件运行到推杆 1 推出处，观察状态监控表 HC0 的当前值，此数值便为脉冲数量估算值，把此估算值输入 VD14 新值处，单击"写入"按钮，写入 VD14 当前值寄存器。

同理，可获取光纤传感器 2、电感传感器 1 检测点，以及推杆 2、3 四处脉冲数量估算值，分别写入 VD4、VD8、VD18、VD22 当前值寄存器。

2）清除传送带上的工件，按下系统起动按钮 SB1，以上述方法获取的估算值作为当前值运行程序。根据实际存在的位置误差情况，按 1 个脉冲约为 0.27mm，对 5 个位置处脉冲数量进行反复调整，最终实现准确检测、准确分拣到各出料滑槽的目标。把最终确定的脉冲数输入数据块页面 1 上，如图 6-31 所示。

表 6-18　分拣步进顺序控制程序编写步骤

编程步骤	梯形图
①初始步 　当系统运行条件为 ON,进料口有工件时,起动高速计数器,同时延时 3s 确认有料 　选择转速: 　抬起 QS 时,Q0.1 置位,选择固定转速 600r/min 　按下 QS 时,Q0.2 置位,选择固定转速 750r/min 　延时时间到,同时起动电动机正转,步进程序转移至检测步 1	初始步: S0.0　SCR 系统运行: M1.0　物料有无: I0.2　　T101 IN TON　30-PT 100~　HSC0_INIT EN CPU_输~: I1.4　固定转~: Q0.1 (S) 1　固定转~: Q0.2 (R) 1 CPU_输~: I1.4　固定转~: Q0.2 (S) 1　固定转~: Q0.1 (R) 1 T101　电动机正转: Q0.0 (S) 1　检测步1: S0.1 (SCRT) (SCRE)
②检测步 1 　当工件移动至光纤头 2 正下方位置时,检测白金芯(白色芯和金属芯),并置位标识 M0.5 　同时步进程序转移至检测步 2	检测步1: S0.1　SCR HC0 >=D VD4　白金芯: I0.5　白金芯~: M0.5 (S) 1　检测步2: S0.2 (SCRT) (SCRE)

（续）

编程步骤	梯形图
③检测步 2 当工件移动至电感传感器 1 正下方位置时,检测金属芯,并置位标识 M0.4 同时步进程序转移至流向分析步	检测步2: S0.2 SCR HC0　　金属芯: I0.4　金芯标识: M0.4 >=D　　——┤ ├——————(S) VD8　　　　　　　　　　　　　1 　　　　　流向分析: S0.3 　　　　——(SCRT) ——(SCRE)
④流向分析步 当检测为白芯时,步进程序转移至推杆 1 动作步 当检测为黑芯时,步进程序转移至推杆 2 动作步 当检测为金属芯时,步进程序转移至推杆 3 动作步 若由于检测失误或进料口进料不在上述三种范围之内,步进程序直接转移至返回步	流向分析: S0.3 SCR 白金芯~: M0.5　金芯标识: M0.4　推杆1动~:S2.1 ——┤ ├————┤/├————(SCRT) 白金芯~: M0.5　推杆2动~:S2.2 ——┤/├————(SCRT) 金芯标识:M0.4　推杆3动~:S2.3 ——┤ ├————(SCRT) 推杆1动~:S2.1　推杆2动~:S2.2　推杆3动~:S2.3　返回步: S2.4 ——┤/├————┤/├————┤/├————(SCRT) ——(SCRE)
⑤推杆 1 动作步 当工件移至推杆 1 前方位置时,电动机停止,同时延时 0.5s 延时时间到,驱动推杆 1 电磁阀,控制气路使气缸活塞杆 1 推出 磁性开关检测到推杆 1 推出到位后,复位推杆 1 驱动,同时步进程序转移至返回步 推杆 2、3 动作步与推杆 1 动作步类似,此处省略	推杆1动~: S2.1 SCR HC0　　电动机正转: Q0.0 >=D————(R) VD14　　　　1 　　　　　　　　　　　　T103 　　　　　　　　　　IN　　TON 　　　　　　　　5-PT　　100~ T103　　推杆1驱动: Q0.4 ——┤ ├————(S) 　　　　　　　　1 推杆1到位: I0.7　　推杆1驱动: Q0.4 ——┤ ├——┤P├——(R) 　　　　　　　　　　　1 　　　　　　返回步: S2.4 　　　　　　——(SCRT) ——(SCRE)

（续）

编程步骤	梯形图
⑥返回步 延时 1s,时间到后,复位金属检测标识,停止电动机,同时步进程序转移至初始步	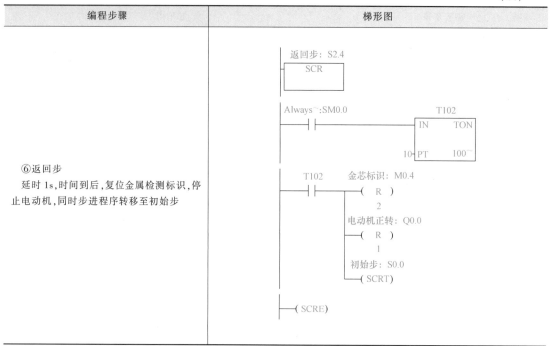

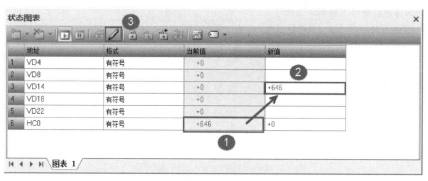

图 6-30 光纤传感器检测点处脉冲测试

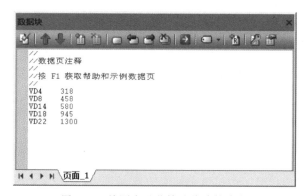

图 6-31 检测点及分拣处脉冲数确定

下载程序时，此数据块须与 PLC 程序一起。**注意**：高速计数器初始化组态时，计数速率选择 1X 时，1 个脉冲约为 0.27mm；计数速率选择 4X 时，则 4 个脉冲约为 0.27mm。

项目测评

项目测评 6

小结与思考

1. 小结

（1）分拣单元部件的安装中，带传动机构是安装的关键，须注意如下几点。

1）保证主动轴和从动轴足够高的平行度，以及适中的传动带张紧度，以防传动带跑偏或打滑现象的发生。

2）按规定的步骤进行联轴器的装配。如果电动机轴与主动轴的同心度偏差过大，会导致运行时振动严重甚至无法运行。

3）旋转编码器是一种精密部件，安装时应按规定步骤进行，切忌在受力变形情况下将板簧勉强固定在传送带支座上。

（2）本项目 PLC 实训的重点是高速计数器的使用、变频器的面板操作和参数设置等基本技能的训练。

2. 思考题

1）变频器参数设定中，减速时间设定为 0.1s。若将此设定改为 1s，运行时会出现什么现象？试设计解决方案，使得程序运行时能将工件顺利推入预定出料滑槽中。

2）进料检测若采用光纤传感器，程序初始步又应该如何编写？试调节传感器，结合程序控制，实现任务二中所要求的分拣功能。

科技文献阅读

Sorting unit is the last unit in the YL-335B Automatic Production Line, in which the processed and assembled workpieces are sorted to different chutes according to the material and the color.

Overall view of the sorting unit is shown in the following figure. When workpieces are put on the conveyor belt and are detected by the diffusion photoelectric sensor on the feeding place, the signal will be passed to PLC. Accordingly, the PLC program starts the frequency converter. Driven by the motor, the conveyor belt starts to work and transfer workpieces to the detecting area. If workpieces are metallic, the metal material reacts will be detected by the proximity switch, and the signal will be sent to PLC. PLC executes logic program to determine which chute the workpiece will go to. When the workpiece runs to the position of the chute, the PLC will output a signal to drive the electromagnetic valve action, so that the piston rod of the cylinder can be stretched out and the workpiece can be pushed into the chute.

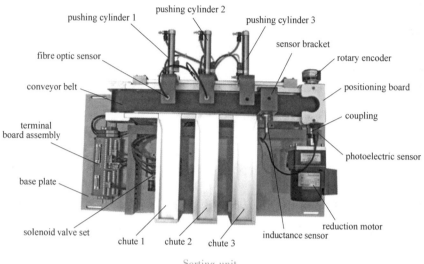

Sorting unit

专业术语:

（1）conveyor belt：传送带

（2）diffusion photoelectric sensor：漫射式光电传感器

（3）proximity switch：接近开关

（4）fibre optic sensor：光纤传感器

（5）rotary encoder：旋转编码器

（6）sensor bracket：传感器支架

（7）frequency converter：变频器

（8）reduction motor：减速电动机

（9）electromagnetic valve：电磁阀

（10）pushing cylinder：推料气缸

（11）coupling：联轴器

（12）positioning board：定位板

项目七

用人机界面控制分拣单元的运行

项目目标

1. 掌握人机界面的组态、下载方法，并能进行设备连接及联机调试。
2. 掌握模拟量输入/输出模块 EM AM06 的主要性能及使用方法。
3. 掌握用模拟量输入控制变频器频率的接线及参数设置等方法。
4. 掌握人机界面控制分拣单元运行的 PLC 程序编写方法和技巧，能解决调试与运行过程中出现的常见问题。

项目描述

在项目六的基础上，本项目引入人机界面和模拟量输入/输出模块 EM AM06。在已有机械安装的基础上完成系统的电气接线、变频器参数设置、PLC 程序编写等，最终通过机电联调实现设备总工作目标：完成金色白芯（金属套白色芯）、白色黑芯（白色套黑色芯）和黑色金芯（黑色套金属芯）工件的分拣。具体要求如下：

1）忽略按钮/指示灯模块，系统起动与停止、变频器频率设定等主令信号改由人机界面提供。同时，系统实际运行状态也能实时反馈到人机界面。

2）通过模拟量输入/输出 EM AM06 的 D/A 与 A/D 转换，实现变频器运行频率的给定以及变频器实际运行频率的实时显示。

综上，本项目设置了两个工作任务：①人机界面监控及组态；②PLC 控制系统的设计与调试。通过完成这两个工作任务，使学生掌握采用 TPC7062Ti 触摸屏、模拟量输入/输出模块 EM AM06、G120C 变频器等构成的 PLC 控制系统的设计与监控。

准备知识

一、认知 TPC7062Ti 触摸屏人机界面的组态

1. TPC7062Ti 触摸屏的硬件连接

TPC7062 Ti 触摸屏（简称 TPC）的正视图和背视图如图 7-1 所示。人机界面的电源

进线、各种通信接口均在其背面，接口说明见表 7-1。

图 7-1　TPC7062Ti 的正视图和背视图

表 7-1　TPC 接口说明

项目	硬件配置	作　用
LAN（RJ45）	10M/100M 自适应	以太网口,用作工程项目下载或连接 PLC
串口（DB9）	1×RS232,1×RS485	通过 RS 232 或 RS 485 连接电缆与 PLC 连接
USB1（主口）	1×USB2.0	用于外接 USB 设备,如鼠标、U 盘及键盘等
USB2（从口）	有	用作工程项目下载
电源接口	DC 24(±20%)V	用于连接 DC 24V 电源

（1）TPC 供电接线和启动

供电接线步骤如下：①将电源的+24V 端插入 TPC 电源插头接线端 1 中，如图 7-2 所示；②将电源的-24V 端插入 TPC 电源插头接线端 2 中；③使用一字螺钉旋具将电源插头螺钉锁紧；④将电源插头插入 TPC 背面的电源接口中。建议采用直径为 1.02mm（AWG18）的电源线。

使用 24V 直流电源给 TPC 供电，开机启动后屏幕出现"正在启动"进度提示条（见图 7-3），此时无须任何操作，系统将自动进入工程运行界面。

PIN	定义
1	+
2	−

图 7-2　电源插头示意图及引脚定义

图 7-3　开机启动

（2）TPC 与 S7-200 SMART 系列 PLC 的连接

TPC 有 9 针串行接口和以太网口，其中，串行接口的引脚定义见表 7-2。由表可见，当使用 COM2 时为 RS485 通信方式。S7-200 SMART 系列 PLC CPU 集成了 RS485 通信接口、以太网接口。所以 TPC 与 S7-200 SMART 系列 PLC CPU 有两种连接方式，可以通过以太网接口连接，也可以通过 RS485 通信接口连接，如图 7-4 所示。

表 7-2 TPC 串口引脚定义

接口	PIN	引脚定义	引 脚 图
COM1	2	RS232 RXD	
	3	RS232 TXD	
	5	GND	
COM2	7	RS485+	
	8	RS485−	

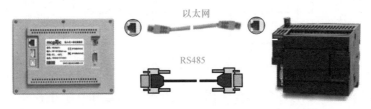

图 7-4 TPC 与 S7-200 SMART 系列 PLC CPU 的两种连接方式

通过 RS485 连接电缆与 S7-200 SMART 系列 PLC CPU 连接时，硬件接线具体如图 7-5 所示。为了实现正常通信，还须在设备组态中对触摸屏的串行接口属性进行设置，设置方法请自行查阅相关技术资料。本项目采用以太网连接。

图 7-5 TPC 与 S7-200 SMART 系列 PLC CPU 的 RS485 连接

2. MCGS 嵌入版生成的用户应用系统

组态 TPC 触摸屏人机界面，需要在个人计算机上运行 MCGS 嵌入版组态软件，即双击计算机桌面上的 MCGS 组态环境快捷方式图标，打开 MCGS 嵌入版组态软件。

单击文件菜单中"新建工程"命令，在弹出的"新建工程设置"对话框中选择 TPC 类型为"TPC7062Ti"，单击"确认"按钮，将在组态界面上弹出图 7-6 所示的工作台窗口。这时组态软件就新建了一个工程，用工作台窗口管理构成用户应用系统的各个部分。

图 7-6 MCGS 组态界面上的工作台

工作台窗口有五个标签：主控窗口、设备窗口、用户窗口、实时数据库和运行策略。它们分别对应于五个不同的窗口界面，每个界面负责管理用户应用系统的一个部分。单击不同的标签可切换至不同的窗口界面，从而对用户应用系统的相应功能模块进行组态操作。图 7-7 给出了五大功能模块的组成。

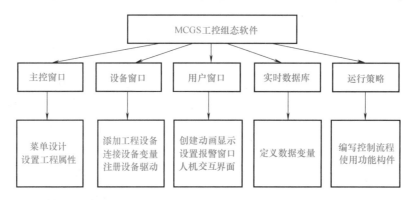

图 7-7　MCGS 嵌入版组态软件的组成

在 MCGS 嵌入版组态软件中，每个用户应用系统只能有一个主控窗口和一个设备窗口，但可以有多个用户窗口和多个运行策略，实时数据库中也可以有多个数据对象。MCGS 嵌入版组态软件用主控窗口、设备窗口和用户窗口构成一个用户应用系统的人机交互图形界面，组态配置各种不同类型和功能的对象或构件，同时可以对实时数据进行可视化处理。

1）主控窗口确定了工业控制中工程作业的总体轮廓，以及运行流程、特性参数和启动特性等内容，是应用系统的主框架。

2）设备窗口是 MCGS 嵌入版系统的重要组成部分，它通过所配置的设备构件建立人机界面与外部设备（PLC）之间的数据传输，把外部设备的数据采集进来，送入实时数据库，或把实时数据库中的数据输出到外部设备，从而实现对 PLC 的操作和控制。

3）用户窗口是屏幕中的一块空间，是一个"容器"，直接提供给用户使用。在用户窗口内，用户可以放置不同的构件，创建图形对象并调整画面的布局，组态配置不同的参数以完成不同的功能。

用户窗口中可以放置三种不同类型的图形对象：图元、图符和动画构件。通过在用户窗口内放置不同的图形对象，用户可以构造各种复杂的图形界面，用不同的方式实现数据和流程的"可视化"。

4）实时数据库是一个数据处理中心，同时也起到公共数据交换区的作用。从外部设备采集来的实时数据送入实时数据库，系统其他部分操作的数据也来自于实时数据库。

5）运行策略本身是系统提供的一个框架，其内放置由策略条件构件和策略构件组成的"策略行"，通过对运行策略的定义，使系统能够按照设定的顺序和条件执行任务，实现对外部设备工作过程的精确控制。

3. 组态实例

任务要求：按图 7-8 所示完成 PLC 与触摸屏的硬件接线，然后组态人机界面。具体要求：按下人机界面上的启动按钮，PLC 输出端 Q1.0 所接指示灯 HL 以及人机界面上的指示灯同时点亮；松开人机界面上的启动按钮，两盏灯同时熄灭。

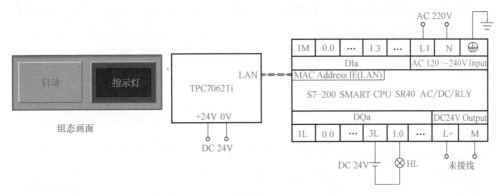

图 7-8　组态画面及硬件接线

TPC7062Ti 通过以太网接口与 S7-200 SMART CPU 连接。在个人计算机上双击 MCGSE 组态环境图标，即打开 MCGS 嵌入版组态软件，按如下步骤建立 MCGS 工程项目。

（1）创建工程

1）单击文件菜单中的"新建工程"命令，弹出"新建工程设置"对话框，如图 7-9 所示，TPC 类型选择"TPC7062Ti"，单击"确定"按钮。

2）选择文件菜单中的"工程另存为"命令，弹出文件保存窗口。在文件名一栏输入"TPC 通信控制"，选择保存目录，单击"保存"按钮，即可完成工程的创建。组态界面上显示如图 7-10 所示的工作台窗口。

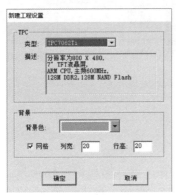

图 7-9　选择 TPC 类型

图 7-10　MCGS 组态界面上的工作台窗口

（2）定义数据对象

以建立数据变量"系统启动"为例，具体实施步骤如下。

1）单击工作台窗口中的"实时数据库"标签，进入实时数据库标签页。此时可看到系统内建自带的 4 个变量。

2）单击"新增对象"按钮，可在标签页的数据对象列表中增加属于用户自己的数据对象，如图 7-11 所示（多次单击该按钮，则可增加多个数据对象，新增加的数据对象与原有默认的数据对象类型相同）。

3）选中新增对象 1，单击"对象属性"按钮，或双击选中对象，则弹出"数据对象属性设置"对话框，如图 7-12 所示。在"基本属性"标签页里将对象名称改为"系统启动"，对象类型选择为"开关"型，单击"确认"按钮，第一个数据对象便已建好，如图 7-13 所示。

图 7-11　新增对象

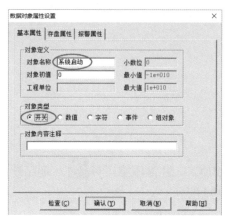

图 7-12　数据对象属性设置

选择新增对象 2，采用同样的方法定义好第二个开关型数据对象"运行灯"。定义好两个数据对象后，实时数据库如图 7-14 所示。

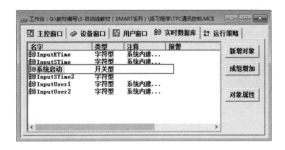

图 7-13　定义好的一个数据对象

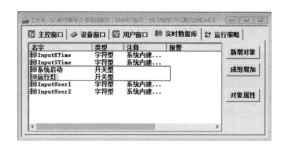

图 7-14　定义好的两个数据对象

（3）工程画面组态

1）新建用户窗口。单击工作台窗口中的"用户窗口"标签，进入用户窗口标签页。此时，单击右侧"新建窗口"按钮，建立"窗口 0"，如图 7-15a 所示。选中"窗口 0"，单击"窗口属性"，即弹出用户窗口属性设置对话框。在"基本属性"标签下可设置窗口名称、窗口背景等。若选默认，则直接单击"确认"按钮即可，如图 7-15b 所示。

2）组态按钮构件。在"用户窗口"双击"控制画面"图标，弹出"动画组态控制画面"界面，单击 ![工具图标] 打开工具箱。从工具箱中单击选中"标准按钮"构件，在编辑位置按住鼠标左键将其拖放一定大小后，松开鼠标左键，这样就绘制完成了一个按钮构件，如图 7-16 所示（注：如果希望精确地确定构件的位置和大小，可调整组态界面下方状态栏右侧的两组数字框中的数值，这两组数值分别显示构件的位置坐标和构件大小）。

双击该按钮，弹出"标准按钮构件属性设置"对话框，在"基本属性"标签下将

a) 新建用户窗口0

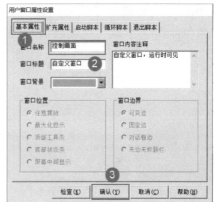

b) 更改窗口名称

图 7-15 新建用户窗口

"文本"修改为"启动",如图 7-17 所示。

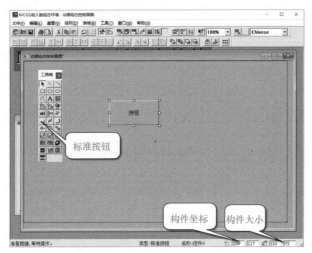

图 7-16 在"动画组态控制画面"界面绘制一个按钮

图 7-17 标准按钮构件属性设置

如图 7-18 和图 7-19 所示，在"操作属性"标签下，在"按下功能"页面选择"数据对象值操作"中的"系统启动"，并进行"置 1"操作；在"抬起功能"页面下选择"数据对象值操作"中的"系统启动"，并选择"清 0"操作。设置完成后单击"确认"按钮，完成按钮构件的组态。

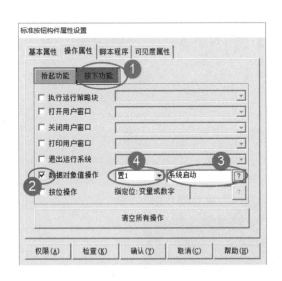

图 7-18　按钮按下功能设置

图 7-19　按钮抬起功能设置

也可以在"抬起功能"里勾选"数据对象值操作"中的"系统启动"后，在图 7-19 中④位置处选"按 1 松 0"操作。这样可省略"按下功能"中的操作设置。

3）组态指示灯元件。

① 单击工具箱中的"插入元件"按钮 图，弹出"对象元件库管理"对话框，如图 7-20 所示，选中"图形对象库列表"中"指示灯"中的指示灯 6，单击"确定"按钮添加到界面中，在界面编辑位置按住鼠标左键将其拖曳到合适地方，并调整至合适大小，如图 7-21 所示。

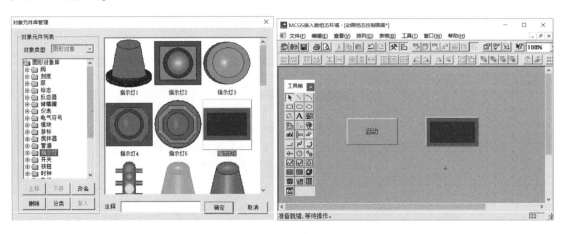

图 7-20　对象元件库管理　　　　图 7-21　添加指示灯到"动画组态控制画面"界面

② 双击指示灯构件，弹出如图 7-22 所示"单元属性设置"对话框，在"数据对象"标签下，选中"填充颜色"，连接变量"运行灯"；在"动画连接"标签下，选中"标签"，单击 >，在弹出的标签动画组态属性设置对话框的"填充颜色"标签下按图 7-23 所示进行设置，然后单击"确认"按钮返回。**注意**：分段点所对应的填充颜色可以通过双击进入颜色库自由选择。

图 7-22 "动画连接"标签设置

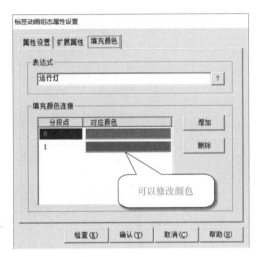

图 7-23 动画组态设计

（4）设备连接的步骤

1）在设备窗口内配置设备构件。选择工作台窗口中的"设备窗口"标签，如图 7-24 所示，然后单击窗口右侧"设备组态"按钮，在弹出的"设备组态：设备窗口"中空白处右击，弹出"设备工具箱"对话框，如图 7-25 所示。

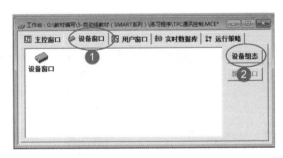

图 7-24 选择"设备窗口"

图 7-25 "设备组态：设备窗口"标签页

单击"设备管理"按钮，在弹出的"设备管理"窗口中双击选择"PLC→西门子→Smart200→西门子_ Smart200"，添加如图 7-26 窗口右侧所示的设备，单击"确认"按钮完成设置。

在图 7-27 所示的设备工具箱中"设备管理"窗口中，双击"西门子_ Smart200"，将其添加至组态画面左上角。

2）设置以太网 IP 地址。双击"设备 0--［西门子_ Smart200］"，弹出"设备编辑窗口"，如图 7-28 所示，在左下方基本信息部分设置"本地 IP 地址"和"远端 IP 地

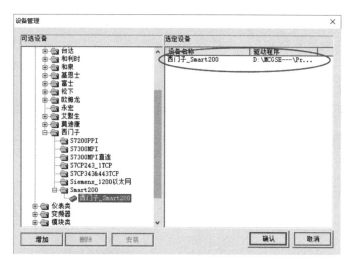

图 7-26   选定设备

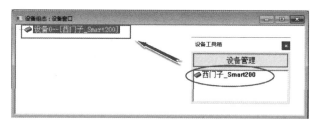

图 7-27   添加设备

址"在同一网段（最后 1 位不同）。本地 IP 地址：触摸屏 IP 地址，以便采用以太网向人机界面下载工程项目；远端 IP 地址：PLC 的 IP 地址，以便人机界面与所指定的 PLC进行以太网通信。

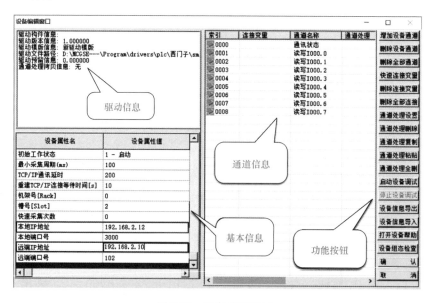

图 7-28   设备编辑窗口

3）建立通道，通道连接变量。在图 7-28 中单击功能按钮区的"删除全部通道"后，增加自创建设备通道，步骤：单击"增加设备通道"按钮，弹出"添加设备通道"对话框，如图 7-29 所示，通道类型选择"M 内部继电器"，通道地址选择"0"，数据类型选择"通道的第 00 位，"通道个数选择"1"，读写方式选择"只写"，然后单击"确认"按钮返回。同样，按图 7-30 所示增加只读 Q1.0 通道。

图 7-29　建立通道 M0.0　　　　　　　图 7-30　建立通道 Q1.0

两个通道增加完毕后，开始通道连接变量。步骤：双击"连接变量"下方"只读 Q001.0"左侧空格处，弹出"变量选择"对话框，如图 7-31 所示，从数据中心选择"运行灯"，单击"确认"按钮返回。同样，连接"只写 M000.0"通道与变量"系统启动"。两个通道连接完变量后，如图 7-32 所示，单击"确认"按钮返回。

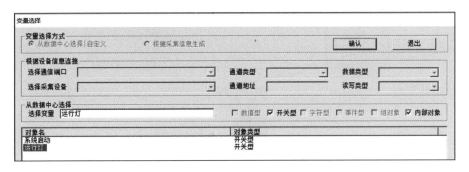

图 7-31　数据中心选择连接变量

上述所有编辑完成后，保存并关闭设备窗口，返回工作台窗口，至此完成配置设备组态的工作。

（5）工程文件的下载

TPC 有两种工程下载方法，如图 7-33 所示。选择网络连接时，可选择以太网下载；选择 USB 连接时，可选择 USB 下载。

1）USB 下载：采用 USB2 口进行工程项目的下载，操作步骤如图 7-34 所示。

2）以太网下载：采用 LAN 口进行工程项目的下载。下载前，首先要检查个人计算机和触摸屏的 IP 地址是否设置正确，两者 IP 地址应不冲突，并应设置在一个网段内（IP 地址前三位数字相同，最后一位不同）。例如，若触摸屏的 IP 地址为 192.168.2.12，

图 7-32　通道连接变量

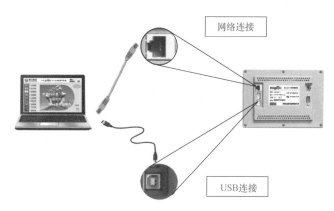

图 7-33　个人计算机与 TPC 的连接

则个人计算机 IP 地址可设置为 192.168.2.9。于是个人计算机在下载 MCGS 工程项目时，"下载配置"中"目标机名"处即为 192.168.2.12，连接方式选择"TCP/IP 网络"，然后单击"通信测试"，测试正常后，即可单击"工程下载"按钮下载工程文件，具体如图 7-35 所示。

触摸屏出厂默认 IP 为 200.200.200.190。若不使用此地址，则在进行工程下载前，需修改触摸屏的 IP 地址。修改方法如图 7-36 所示：在 TPC 开机出现"正在启动"提示进度条时，单击触摸屏进入"启动属性"界面，在"系统维护"页"设置系统参数"里可修改所要指定的 IP 地址。

恢复 TPC 出厂默认值方法：进入"启动属性"界面，单击"系统维护"里的"恢复出厂设置"按钮，在弹出 Cesvr 对话框中选择"是"，并重新启动 TPC，即可将所有设置参数恢复为出厂默认值。

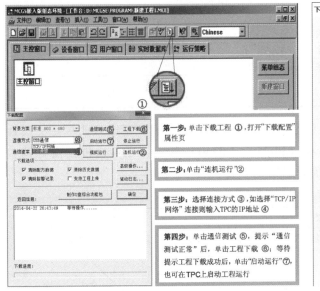

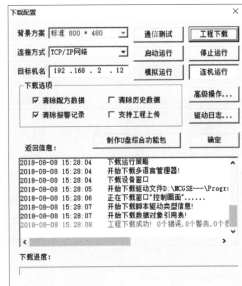

<table>
</table>

第一步：单击下载工程 ①，打开"下载配置"属性页

第二步：单击"连机运行"②

第三步：选择连接方式 ③，如选择"TCP/IP网络"连接则输入TPC的IP地址 ④

第四步：单击通信测试 ⑤，提示"通信测试正常"后，单击工程下载 ⑥，等待提示工程下载成功后，单击"启动运行"⑦，也可在TPC上启动工程运行

图 7-34　USB 下载　　　　　　　　图 7-35　以太网下载

本实例选择在"设置系统参数"里将 IP 修改为 192.168.2.12，以保持与个人计算机 IP 地址（192.168.2.9）、PLC 的 IP 地址（192.168.2.10）在同一网段。

图 7-36　TPC 恢复出厂默认值

（6）连接 PLC 运行

组态好的工程项目下载到 TPC 后，若 PLC 侧已下载好所编写的梯形图程序（见图 7-37）并处于运行状态，则此时连接 TPC 与 PLC，PLC 将与人机界面互相交换信息。

图 7-37　简单梯形图程序

调试过程：按下人机界面上的启动按钮，PLC 输出端所接的指示灯 HL 以及人机界面上的运行灯同时点亮，松开人机界面上的启动按钮，两盏灯同时熄灭。

二、G120C 变频器模拟量输入设定转速

G120C 变频器提供了多种模拟量输入模式，可以通过参数 P0756 进行选择，见表 7-3。

表 7-3　参数 P0756 设定说明

参数号	设定值	说　　明
P0756	0	单极电压输入 0~10V
	1	单极电压输入,受监控 2~10V
	2	单极电流输入 0~20mA
	3	单极电流输入,受监控 4~20mA
	4	双极电压输入 -10~10V
	8	未连接传感器

参数 P0756 选择模拟量输入的类型后，变频器会自动调整模拟量输入的标定。线性标定曲线由两个点（P0757、P0758）和（P0759、P0760）确定，也可以根据需要调整标定。例如，P756[00]=4 时，模拟量标定见表 7-4。

表 7-4　模拟量标定

参数	设定值	描述	
P0757	-10	输入电压 -10V 对应 -100% 的标度，即 -50Hz	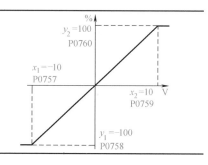
P0758	-100		
P0759	10	输入电压 10V 对应 100% 的标度，即 50Hz	
P0760	100		
P0761	0	死区宽度	

此外，还必须正确设置模拟量输入通道对应的 DIP 拨码开关的位置。该开关位于控制单元正面保护盖板的后面，如图 7-38 所示。

实例要求：G120C 变频器外接电位器（≥4.7kΩ）通过 AI0+、AI0-输入模拟电压，选择适合的模拟量输入模式，实现变频器转速的模拟量设定。

图 7-38　模拟量输入的 DIP 开关

根据要求，变频器硬件接线如图 7-39 所示。图中 DI0 为 ON/OFF 信号。

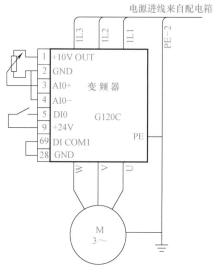

图 7-39　通过模拟量输入实现转速设定

将 BOP-2 操作面板上电后进入 PARAMS 菜单，按表 7-5 设置基本调试参数。调试过程：进入"MONITOR"界面，按向下键切换到频率显示状态，按下 DIO 外接按钮，旋转电位器旋钮，即可看到变频器拖动电动机在 0~50Hz 之间变化。

表 7-5 基本调试参数设置

序号	参数	默认值	设置值	说 明
1	P0010	0	30	参数复位
2	P0970	0	1	触发驱动参数复位
3	P0010	0	1	快速调试
4	P0015	7	12 或 13	宏连接
5	P0300	1	1	设置为异步电动机
6	P0304	400	380	电动机额定电压，单位为 V
7	P0305	1.70	0.18	电动机额定电流，单位为 A
8	P0307	0.55	0.03	电动机额定功率，单位为 kW
9	P0310	50	50	电动机额定频率，单位为 Hz
10	P0311	1395	1300	电动机额定转速，单位为 r/min
11	P0756[00]	4	0	单极电压输入(0~10V)
12	P1082	1500	1500	最大转速，单位为 r/min
13	P1120	10	0.1	加速时间，单位为 s
14	P1121	10	0.1	减速时间，单位为 s
15	P1900	2	0	电动机数据检查
16	P0010	0	0	电动机就绪
17	P0971	0	1	保存驱动对象

三、模拟量输入/输出模块 EM AM06

YL-335B 型自动化生产线分拣单元的出厂配置，变频器驱动采用模拟量控制，通过 D/A 转换实现变频器的模拟电压输入以达到连续调速的目的；通过 A/D 转换采集变频器实时输出的模拟电压（频率信息），以便在人机界面上显示变频器当前的输出频率。

早期的 YL-335B 型自动化生产线的分拣单元 PLC 采用 S7-224XP AC/DC/RLY，内置 2 路 A/D 转换通道和 1 路 D/A 转换通道。PLC 升级为 SMART CPU 后，模拟量输入/输出模块配置为 EM AM06，该模块的接线与引脚见表 7-6。

EM AM06 有 4 路 A/D 转换通道、2 路 D/A 转换通道，主要技术指标见表 7-7。4 路模拟量输入的功能是将输入的模拟量信号转换为数字量信号，并将结果存入模拟量输入映像寄存器 AI 中。2 路模拟量输出的功能是将模拟量输出映像寄存器 AQ 中的数字量信号转换为可用于驱动执行元件的模拟量信号。

模拟量输入有 4 种量程，分别为 ±10V、±5V、±2.5V、0~20mA，模拟量输出有两种量程，分别为 ±10V、0~20mA，选择哪个量程范围可以通过编程软件来设置。在编程软件 STEP7-Micro/WIN SMART 系统块中，先选中模拟量模块，再选中要设置的通道，然后按图 7-40 和图 7-41 所示组态所需模拟量输入和输出即可。

表 7-6　EM AM6 的接线与引脚

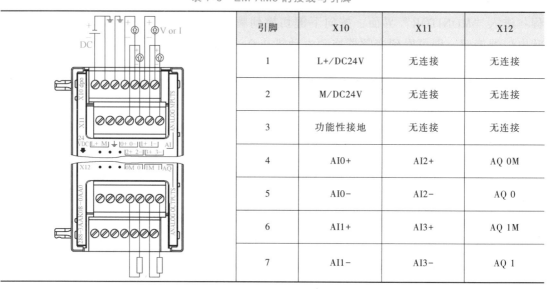

引脚	X10	X11	X12
1	L+/DC24V	无连接	无连接
2	M/DC24V	无连接	无连接
3	功能性接地	无连接	无连接
4	AI0+	AI2+	AQ 0M
5	AI0−	AI2−	AQ 0
6	AI1+	AI3+	AQ 1M
7	AI1−	AI3−	AQ 1

表 7-7　EM AM6 的主要技术指标

项　　目	模拟量输入	模拟量输出
点数	4 点	2 点
类型	电压或电流(差动):可两个选为一组	电压或电流
电压或电流范围	−10~10V、−5~5V、−2.5~2.5V 或 0~20mA	−10~10V 或 0~20mA
分辨率	电压模式:11 位+符号 电流模式:11 位	电压模式:10 位+符号 电流模式:10 位
满量程范围 （数据字）	−27648~27648	电压:−27648~27648 电流:0~27648
精度(25℃/ 0~55℃)	电压模式:满量程的±0.1%/±0.2% 电流模式:满量程的±0.2%/±0.3%	满量程的±0.5%/±1.0%
模/数转换时间	625μs(400Hz 抑制)	

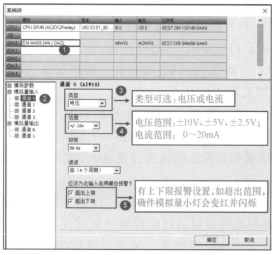

图 7-40　组态模拟量输入

图 7-41　组态模拟量输出

4 路模拟量输入与 2 路模拟量输出的各通道地址详见表 7-8，它们由系统自动分配，作为编程依据。

表 7-8 EM AM6 通道寄存器

模拟量输入（A/D 转换）		模拟量输出（D/A 转换）	
通道 0	AIW16	通道 0	AQW16
通道 1	AIW18		
通道 2	AIW20	通道 1	AQW18
通道 3	AIW22		

由表 7-7 可知，对于双极性满量程输入范围对应的数字量为 −27648~27648；而单极性满量程输入范围对应的数字量则为 0~27648。在进行 D/A 转换时，数值 27648 若对应 10V/50Hz，因数字量输入与模拟量输出成正比，如图 7-42 所示，则可换算出 1Hz 对应的数字量为 552.96（约 553），但由于存在误差，将数字量调整为 557。

编写程序时，只需要把设定的变频器输出频率×557，所得乘积作为 D/A 转换前的最终数值，送入通道地址 AQW 即可。部分参考程序如图 7-43 所示。

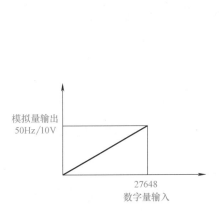

图 7-42 频率和数字量的关系

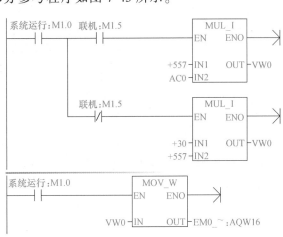

图 7-43 模拟量处理程序

任务一 人机界面监控及组态

一、人机界面组态的工作任务

设备的工作目标是完成对金色白芯、白色黑芯和黑色金芯的三种工件进行分拣，并根据芯件属性的不同分别推入 1 号、2 号和 3 号出料滑槽中。其中，分拣单元运行界面如图 7-44 所示，具体要求如下。

1）由人机界面发出系统工作的主令信号，具体包括单机/联机、系统启动与系统停止、变频器频率的设定。

2）系统实际运行状态须实时反馈到人机界面，具体包括系统是否就绪、系统是否正在运行，以及变频器当前实际运行频率。

3）实时显示已分拣到各出料滑槽的金色白芯、白色黑芯、黑色金芯工件的具体数量。

注意：变频器运行频率设定范围是 0~35Hz，当前实际输出频率在界面上显示需精确到 0.1Hz。

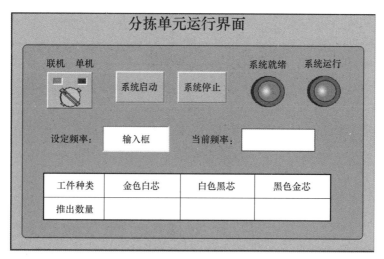

图 7-44　分拣单元运行界面

二、人机界面的组态

1. 建立实时数据库的数据对象

根据图 7-44 的画面及具体的组态要求建立画面元件与实时数据库数据对象的链接关系，见表 7-9。

表 7-9　画面元件与实时数据库的数据对象链接关系

画面元件		变量名称	类型	注　释
按钮	系统启动	启动	开关型	发出系统启动命令
	系统停止	停止	开关型	发出系统停止命令
开关	联机/单机	联机	开关型	是否联机
指示灯	系统就绪	准备就绪	开关型	显示系统运行前是否就绪
	系统运行	系统运行	开关型	显示系统当前是否处于运行状态
输入框	设定频率	设定频率	数值型	设定变频器输出频率值
标　签	当前频率	频率输出	数值型	实时显示变频器当前运行频率
自由表格	金色白芯推出数量	金色白芯个数	数值型	显示已分拣到一槽的金色白芯工件个数
	白色黑芯推出数量	白色黑芯个数	数值型	显示已分拣到二槽的白色黑芯工件个数
	黑色金芯推出数量	黑色金芯个数	数值型	显示已分拣到三槽的黑色金芯工件个数

2. 工程画面的组态

新建工程，TPC 类型选择"TPC7062Ti"，在工作台窗口用户标签页中新建窗口并修改其名称为"运行界面"，窗口背景色改为浅蓝色。

双击"运行界面"，进入"动画组态控制画面"窗口，开始编辑画面。鉴于前面已经介绍了组态按钮和指示灯的基本步骤，此处不再重复，仅介绍标签、输入框、自由表格等构件的组态步骤。

（1）标签的组态

标签分为两种：文本显示类和数据显示类。例如，界面的标题、各元件的注释文字为文本显示类标签，而当前频率的显示则为数据显示类标签。

1）文本显示类标签。以标题"分拣单元运行界面"为例，下面具体说明文本显示类标签的组态。

单击工具条中的"工具箱"按钮![工具箱图标]，打开绘图工具箱。选择"工具箱"内的"标签"按钮**A**，鼠标的光标呈十字形，在组态界面拖曳鼠标，拉出一个一定大小的矩形。在光标闪烁位置输入文字"分拣单元运行界面"，按回车键或在窗口任意位置用鼠标单击一下，文字输入完毕。

选中文字框，在组态环境界面下方的状态栏中将构件坐标改为（0，0），尺寸改为（800，55），这样就绘制出一个坐标位置在窗口左上角，宽度为 800，高度为 55 的标签构件。单击工具条上的![填充色图标]（填充色）、![线色图标]（线色）、![字符字体图标]（字符字体）![字符颜色图标]（字符颜色）等按钮，可修改文字框的背景色、边线颜色、文字字体、文字颜色等。

2）数据显示类标签。以当前频率显示标签为例，下面具体说明数据显示类标签的组态。

选择"工具箱"内的"标签"按钮**A**，在组态界面拖曳鼠标，拉出一个一定大小的矩形。双击该矩形，弹出"标签动画组态属性设置"对话框，如图 7-45a 所示。在图 7-45a 所示的"属性设置"标签页中，可根据需要修改填充颜色、字符颜色、边线颜色、边线线型等。在"输入输出连接"中勾选"显示输出"，则"标签动画组态属性设置"对话框将增加"显示输出"标签页。

选择"显示输出"标签，如图 7-45b 所示，标签页中的表达式值即为需要显示的数据。此处应单击右侧问号，在数据中心选择"频率输出"变量，勾选单位并输入"Hz"。再根据任务中实时频率的显示须精确到 0.1Hz 的要求，设置显示输出格式为"浮点输出"，四舍五入后保留 1 位小数位数。组态完成后，单击"确认"按钮便完成了该标签的组态。

（2）数值输入框的组态

1）选中"工具箱"中的"输入框"图标**abl**，在组态界面拖动指针，绘制 1 个输入框。

2）双击![输入框图标]图标，弹出如图 7-46 所示的"输入框构件属性设置"对话框，在"操作属性"标签页按图示设置后单击"确认"按钮返回。

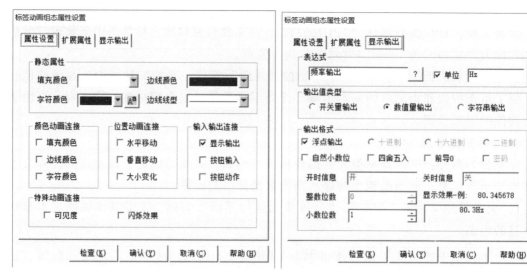

a)"标签动画组态属性设置"对话框　　　　b) 显示输出的组态

图 7-45　数据显示类标签的组态

（3）圆角矩形框

单击工具箱中的图标![图标]，在窗口的左上方拖出一个大小适合的圆角矩形，双击矩形，弹出如图 7-47 所示的属性设置对话框。将填充颜色设置为"没有填充"，边线颜色选为深红色，其他默认。

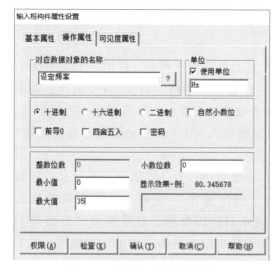

图 7-46　数值输入框属性设置

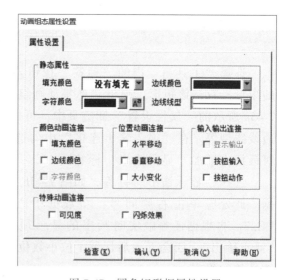

图 7-47　圆角矩形框属性设置

（4）自由表格

单击工具箱中的"自由表格"![自由表格图标]，光标变成十字形，在绘图区拖出一定大小的表格。双击表格，待出现行标与列标时，为表格编辑模式，如图 7-48 所示，右击表格弹出命令组，可以选择增加、删除行或列，以及改变表格表元的高度和宽度，输入表格表元的内容。双击单元格，编辑单元格内容如图 7-49 所示。编辑完成后，双击选择要连接变量的表元，右击并选择"连接"命令，进入表格连接模式，如图 7-50 所示。在连接模式下，单击选择要连接变量的表元，然后右击弹出变量选择框，从数据中心选择变量确认即可。

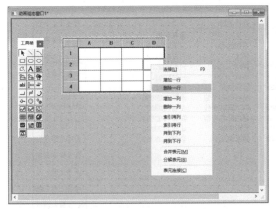

图 7-48　"自由表格"编辑模式

图 7-49　编辑模式与连接模式切换

（5）旋钮开关

单击工具箱中的"插入元件"按钮 ，打开"对象元件库管理"对话框，选中对象元件列表"开关"中的开关 6，如图 7-51 所示，单击"确定"按钮即可

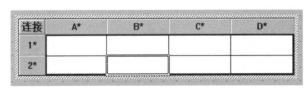

图 7-50　"自由表格"连接模式

添加到窗口画面中，用鼠标左键选中并将其拖曳到合适的地方，并调整至合适大小。

双击该开关构件，打开"单元属性设置"对话框，在"数据对象"标签页选中"按钮输入""可见度"，分别连接变量"联机"，如图 7-52 所示，然后单击"确认"按钮返回。

图 7-51　添加旋钮开关

图 7-52　旋钮开关变量连接

3. 设备组态

设备组态的方法与准备部分相同。需要注意的是，个人计算机、PLC、触摸屏的 IP

地址要设置在同一网段。

进行通道连接组态前，建议预先规划好相关的通道编号，完成全部连接后，设备编辑窗口的设备通道信息如图 7-53 所示。

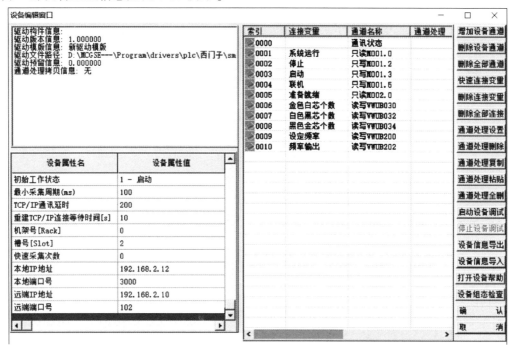

图 7-53　连接变量的全部通道

任务二　PLC 控制系统的设计与调试

一、工作任务

在由人机界面提供系统工作主令信号的基础上，采用模拟量输入/输出模块 EM AM06 与西门子变频器 G120C 完成 PLC 控制系统的硬件设计与软件编程，最终实现分拣总目标：完成对金色白芯、白色黑芯和黑色金芯三种工件的分拣，根据工件属性的不同，分别将工件推入 1 号、2 号和 3 号出料滑槽中。具体工作流程如下。

1）设备上电且气源接通后，若工作单元的三个气缸均处于缩回位置，电动机处于停止状态，且传送带进料口没有工件，则"准备就绪"指示灯 HL1 常亮，表示设备准备好。

2）若设备准备好，按下人机界面中的启动按钮，系统启动，"设备运行"指示灯 HL2 常亮。当在传送带进料口人工放下已装配工件，并确认该工件位于进料口中心时，按下按钮 SB2，变频器起动，驱动传送带运转，带动工件首先进入检测区，经传感器检测获得工件属性后进入分拣区分拣。

3）当满足某一滑槽推入条件的工件到达该滑槽中间位置时，传送带应停止，相应气缸伸出，将工件推入滑槽中。气缸复位后，分拣单元的一个工作周期结束。这时可再次向传送带供料，开始下一工作周期。

4）如果在运行期间按下人机界面中的停止按钮，分拣单元在本工作周期结束后停止运行。

二、PLC控制电路的设计和接线

系统工作的主令信号来源由项目六中的按钮指示灯模块改为人机界面。PLC具体I/O分配见表7-10。须注意：因要检测外壳工件的属性，所以在传感器支架侧面加装了电感传感器2。

"分拣（带人机界面）PLC侧接线"视频

表7-10 分拣单元PLC的I/O分配

输入信号				输出信号			
序号	PLC 输入点	信号名称	信号来源	序号	PLC 输出点	信号名称	信号来源
1	I0.0	旋转编码器B相(白色线)	装置侧	1	Q0.0	正转	变频器侧
2	I0.1	旋转编码器A相(绿色线)		2	Q0.1	反转	
3	I0.2	光电传感器(BG1)		3			
4	I0.3	光纤传感器1(BG2)		4	Q0.4	推杆1电磁阀(1Y)	装置侧
5	I0.4	电感传感器1(BG3)		5	Q0.5	推杆2电磁阀(2Y)	
6	I0.5	光纤传感器2(BG4)		6	Q0.6	推杆3电磁阀(3Y)	
7	I0.6	电感传感器2(BG5)		7			
8	I0.7	推杆1伸出到位(1B)		8	Q0.7	"准备就绪"指示(HL1)	按钮/指示灯模块
9	I1.0	推杆2伸出到位(2B)		9	Q1.0	"设备运行"指示(HL2)	
10	I1.1	推杆3伸出到位(3B)		10	Q1.1	"设备故障"指示(HL3)	

采用人机界面取代按钮/指示灯模块，加装模拟量模块EM AM06后的分拣单元接线原理图如图7-54所示。在进行组态模拟量输入输出、PLC编程及设置变频器参数时需要注意：本任务选择模拟量输入通道0，模拟量输出通道0，均选用单极性电压：0~10V。

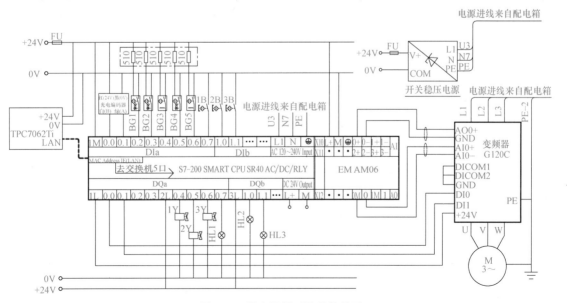

图7-54 带人机界面的分拣单元

三、变频器参数的设置

完成系统硬件接线，上电后，G120C 变频器参数设置见表 7-11。

表 7-11　G120C 参数设置

序号	参数	默认值	设置值	说　　明
1	P0010	0	30	参数复位
2	P0970	0	1	触发驱动参数复位
3	P0010	0	1	快速调试
4	P0015	7	17	宏连接
5	P0300	1	1	设置为异步电动机
6	P0304	400	380	电动机额定电压，单位为 V
7	P0305	1.70	0.18	电动机额定电流，单位为 A
8	P0307	0.55	0.03	电动机额定功率，单位为 kW
9	P0310	50	50	电动机额定频率，单位为 Hz
10	P0311	1395	1300	电动机额定转速，单位为 r/min
11	P0341	0.001571	0.00001	电动机转动惯量，单位为 $kg \cdot m^2$
12	P0756[00]	4	0	单极电压输入（0~10V）
13	P0776[00]	0	1	电压输出
14	P1082	1500	1500	最大转速，单位为 r/min
15	P1120	10	0.1	加速时间，单位为 s
16	P1121	10	0.1	减速时间，单位为 s
17	P1900	2	0	电动机数据检查
18	P0010	0	0	电动机就绪
19	P0971	0	1	保存驱动对象

四、编写和调试 PLC 控制程序

1. 分拣单元启停与状态监控

分拣单元控制程序启停部分与供料单元类似，此处不做过多赘述。**需要注意的是：**变频器输入频率是在人机界面的输入框里设定的，所以，输入框所关联通道 VW200 里的频率设定值需要在主程序里传送给累加器 AC0，以便"分拣控制"子程序的初始步对 AC0 数值进行一定的运算处理，最终作为模拟量输入/输出模块 EM AM06 D-A 转换前的数字量。此部分程序与"分拣控制"子程序调用如图 7-55 所示。

人机界面要实时显示变频器当前运行频率，从 AIW16 读出的数值除以 557，传送给人

图 7-55　输出频率的给定与"分拣控制"子程序的调用

机界面"当前频率"标签所关联的通道 VW202 即可。具体程序如图 7-56 所示。

图 7-56 当前运行频率的实时监控

人机界面要实时显示金色白芯、白色黑芯、黑色金芯三种工件已分拣的数量。以金色白芯为例，主程序里启用计数器，并在系统运行状态为 ON 时把计数器累计计数值实时传送给人机界面自由表格相应的表元所连接的 VW30 即可。具体如图 7-57 所示。

2. 分拣单元的主要工作过程

分拣步进顺序控制过程与项目六相比，不同之处是多了外壳工件属性的检测步，其他类似，具体流程如图 7-58 所示。

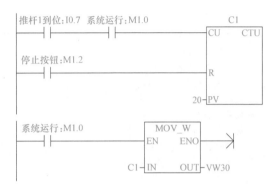

图 7-57 金色白芯工件个数监控

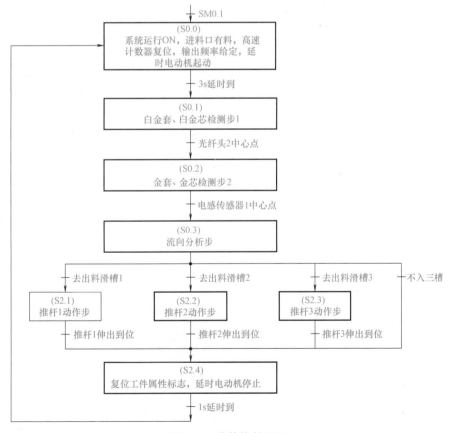

图 7-58 分拣控制流程

具体程序见表7-12。表中给出了程序分支和汇合具体细节，以及注意要点等。

表 7-12　状态监测及启停部分编程要点

编程步骤	梯形图
①初始步 PLC 置于 RUN 模式后，第一个扫描周期置位 S0.0。 当系统运行条件为 ON，进料口有工件时，起动高速计数器，同时延时 3s 确认有料。 延时时间到，设定频率乘以 557 后传送给 AQW16，以便 EM AM06 模块进行 D/A 转换。 延时时间到，同时起动电动机正转，步进程序转移至检测步 1	
②检测步 1 进料口光纤传感器 1 检测为白金套（即白色套或金属套），置位标识 M0.3。 当工件移动至光纤传感器 2 检测头正下方位置时，检测白金芯（即白色芯或金属芯），并置位标识 M0.5。 同时步进程序转移至检测步 2	

（续）

编程步骤	梯形图
③检测步 2 电感传感器 2 检测金属套，置位标识 M0.6。 当工件移动至电感传感器 1 正下方时，检测为金属芯，并置位标识 M0.4。 同时步进程序转移至流向分析步	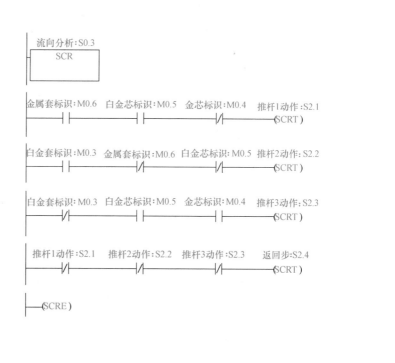
④流向分析步 当检测为金套白芯 1 时，步进程序转移至推杆 1 动作步。 当检测为白套黑芯时，步进程序转移至推杆 2 动作步。 当检测为黑套金芯时，步进程序转移至推杆 3 动作步。 若由于检测失误或进料口进料不在上述三种范围之内，步进程序直接转移至返回步	

（续）

编程步骤	梯形图
⑤推杆 1 动作步 当工件移至推杆 1 前方位置时，电动机停止，同时延时 0.5s。 延时时间到，驱动推杆 1 电磁阀，控制气路使推杆 1 推出。 磁性开关检测到杆 1 推出到位后，复位推杆 1 驱动，同时步进程序转移至返回步	推杆1动作:S2.1 SCR HC0 >=D VD14 — 电动机正转:Q0.0 (R) 1 — T103 IN TON 5 PT 100ms T103 — 推杆1驱动:Q0.4 (S) 1 推杆1到位:I0.7 —P— 推杆1驱动:Q0.4 (R) 1 — 返回步:S2.4 (SCRT) (SCRE)
⑥返回步 延时 1s，时间到后复位金属检测标识，电动机停止，同时步进程序转移至初始步	返回步:S2.4 SCR Always~:SM0.0 — T102 IN TON 10 PT 100ms T102 — 白金套标识:M0.3 (R) 4 — 电动机正转:Q0.0 (R) 1 — 初始步:S0.0 (SCRT) (SCRE)

项目测评

项目测评 7

小结与思考

1. 小结

本项目主要介绍触摸屏人机界面组态、变频器输出频率的模拟量控制、运行实时频率的检测和显示，以及模拟量适配器的使用等。

组态人机界面的步骤：定义数据对象（变量）、制作工程画面、画面构件连接变量，然后建立设备通道，通道连接变量。在实际工程项目组态时，为了方便省时，也可以在制作工程画面、画面构件连接变量时直接输入变量名称，按照组态错误报警框的提示导引一并解决定义数据对象的问题。读者可自行尝试。

2. 思考题

1）人机界面上变频器运行频率的设定范围为 0~35Hz。实际调试时，若输入 20Hz 和 35Hz，运行时会出现什么现象？试设计解决方案，使得程序运行时无论频率偏高或偏低，都能将工件顺利推入预定出料滑槽中。

2）进料检测若采用光纤传感器，该传感器兼具外壳工件颜色属性的检测功能，试调节该光纤传感器并编写控制程序，进行分拣系统机电联调，最终实现任务二中所要求的分拣功能。

科技文献阅读

The product of Human-machine Interface（HMI）consists of hardware and software. As hardware, the touch screen is made up of microprocessor, display unit, input unit, communication interface, data storage unit, etc. As an example, TPC7062Ti is a touch screen developed by Kunluntongtai（Technology）Co., Ltd.. The front and back views of TPC7062 is shown in the following figure.

HMI software is generally divided into two parts: system software running in the HMI hardware and the picture configuration software running in computer's windows operating system. MCGS belongs to the latter.

MCGS embedded configuration software is adopted in TPC series human-machine interface devices. It can mainly complete field data collection, monitoring, frontier data processing and control. MCGS embedded user's application system is composed of five parts: main control window, device window, user window, real-time data base and running strategy.

专业术语：

（1）Human-machine Interface（HMI）：人机界面

（2）communication interface：通信接口

（3）touch screen：触摸屏

（4）MCGS embedded configuration software：MCGS 嵌入式组态软件

（5）main control window：主控窗口

（6）device window：设备窗口

（7）user window：用户窗口

（8）real-time data base：实时数据库

（9）running strategy：运行策略

（10）Kunluntongtai（Technology）Co.，Ltd..：昆仑通泰（科技）有限责任公司

项目八

输送单元的安装与调试

项目目标

1. 掌握 MINAS A5 系列伺服电动机的基本原理及电气接线，能使用伺服驱动器对伺服电动机进行控制，会设置伺服驱动器的参数。

2. 掌握 S7-200 SMART 系列 PLC 运动控制指令的使用和编程方法，能编制实现伺服电动机定位控制的 PLC 程序。

3. 掌握输送单元直线运动组件的安装和调整、电气配线的敷设，能在规定时间内完成输送单元的安装、编程及调试，能解决实际安装与运行过程中出现的常见问题。

项目描述

在 YL-335B 型自动化生产线上，输送单元起着在其他各工作单元间传送工件的作用。根据实际安装与调试过程，本项目主要考虑完成输送单元机械部件的安装、气路连接和调整、装置侧与 PLC 侧电气接线、PLC 程序的编写，最终通过机电联调实现工作目标：从供料单元出料台抓取工件，向装配单元→加工单元→分拣单元传送物料，而后返回工作原点。

本项目设置了两个工作任务：①输送单元装置侧的安装与调试；②输送单元的 PLC 控制实训。

准备知识

一、输送单元的结构与工作过程

输送单元装置侧由直线运动组件、抓取机械手装置、拖链装置等部件组成，如图 8-1 所示。

1. 直线运动组件

直线运动组件用于拖动抓取机械手装置做往复直线运动，从而完成精确定位。

输送单元
动画

177

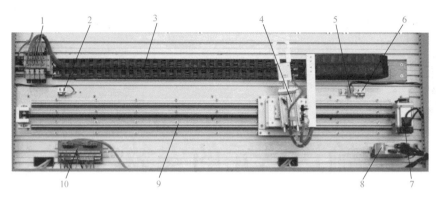

图 8-1　输送单元装置侧结构

1—电磁阀组　2—左极限开关　3—拖链装置　4—抓取机械手装置　5—原点开关
6—右极限开关　7—伺服电动机　8—伺服驱动器　9—直线导轨组件　10—接线端口

直线运动组件由直线导轨组件（包括圆柱形导轨及其安装底板）、滑动溜板、同步轮和同步带、伺服电动机及伺服驱动器、原点开关支座、左/右极限开关支座等组成，如图 8-2 所示。

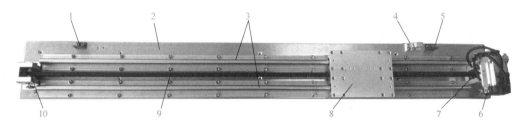

图 8-2　直线运动组件

1—左极限开关支座　2—底板　3—柱形直线导轨　4—原开关支座　5—右极限开关支座
6—伺服电动机　7—主动同步轮　8—滑动溜板　9—同步带　10—从动同步轮

伺服电动机由伺服驱动器驱动，通过同步轮及同步带带动滑动溜板沿直线导轨做往复直线运动，固定在滑动溜板上的抓取机械手装置随之运动。同步轮齿距为 5mm，共 12 个齿，即旋转一周抓取机械手装置位移为 60mm。

2. 抓取机械手装置

抓取机械手装置是一个能实现三自由度运动（即升降、伸缩、气动手指夹紧/松开和沿垂直轴旋转的四维运动）的工作装置。该装置整体安装在滑动溜板上，在直线运动组件的带动下整体做直线往复运动，并定位到其他各工作单元的物料台，完成抓取和放下工件的功

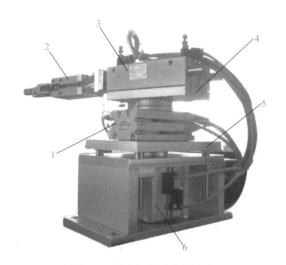

图 8-3　抓取机械手装置实物

1—摆动气缸　2—气动手指及其夹紧机构　3—手臂伸缩气缸
4—伸缩气缸支承板　5—提升机构　6—提升气缸（薄型气型）

能。图 8-3 是抓取机械手装置实物。

　　3. 拖链装置

　　抓取机械手装置通常工作在往复运动的状态，为了使其上引出的电缆和气管随之被牵引并被保护，输送单元使用塑料拖链作为管线敷设装置，拖链装置一端固定在工作台面上，另一端则通过拖链安装支架与抓取机械手装置连接，如图 8-4 所示。抓取机械手装置引出的气管和电缆沿拖链敷设，气管连接到电磁阀组，电缆则连接到接线端口。

　　4. 原点开关和极限开关

　　抓取机械手装置做直线运动的起始点信号，由安装在直线导轨底板上的原点开关提供。此外，为了防止机械手越出行程而发生撞击设备的事故，直线导轨底板上还安装了左、右极限开关。其中，原点开关和右极限开关在底板上的安装如图 8-5 所示。

图 8-4　拖链与抓取机械手装置的连接

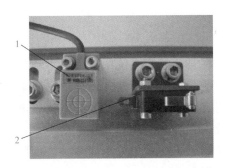

图 8-5　原点开关和右极限开关
1—原点开关　2—右极限开关

　　原点开关是一个无触点的电感式接近开关。关于电感式接近开关的工作原理及选用、安装注意事项请参阅项目二。

　　左、右极限开关均是有触点的微动开关。当滑动溜板在运动中越过左极限或右极限位置时，极限开关就会动作，向系统发出越程故障信号。

"输送气动"
动画

　　5. 气动控制回路

　　输送单元的抓取机械手装置上的所有气缸连接的气管沿拖链敷设，最后插接到电磁阀组上，其气动控制回路如图 8-6 所示。

　　在气动控制回路中，驱动摆动气缸和手指气缸的电磁阀采用的是二位五通双电控电磁阀，电磁阀外形如图 8-7 所示。

　　双电控电磁阀与单电控电磁阀的区别在于：对于单电控电磁阀，在无电控信号时，阀芯在弹簧力的作用下会被复位；而对于双电控电磁阀，在两端都无电控信号时，阀芯的位置取决于之前一个电控信号的动作结果。

　　注意：双电控电磁阀的两个电控信号不能同时为"1"，即在控制过程中不允许两个线圈同时得电，否则可能会造成电磁线圈烧毁，当然，在这种情况下阀芯的位置是不确定的。

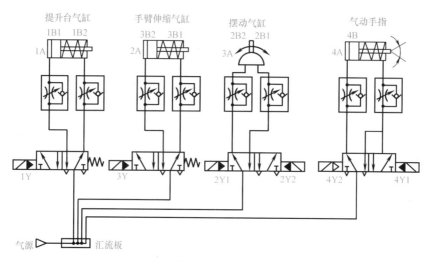

图 8-6　输送单元气动控制回路

二、认识松下 MINAS A5 系列交流伺服电动机和驱动器

在自动控制系统中，伺服电动机常作为执行元件，把所收到的电信号转换成电动机轴上的角位移或角速度输出。伺服电动机分为直流和交流两大类，交流伺服电动机又分为同步电动机和异步电动机。目前运动控制系统中大多采用同步交流伺服电动机及配套驱动器。

1. 永磁同步交流伺服电动机的基本结构

永磁同步交流伺服电动机在结构上主要由定子和转子两部分组成。图8-8为永磁同步交流伺服电动机外观和结构示意图，其定子是由硅钢片叠成的铁心和三相绕组组成的，转子是由高矫顽力稀土磁性材料（如钕铁硼）制成的磁极。为了检测转子磁极的位置，在电动机非负载端的端盖外面还

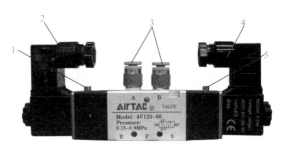

图 8-7　双电控电磁阀
1—手动按钮1　2—驱动线圈1　3—气管接口
4—驱动线圈2　5—手动按钮2

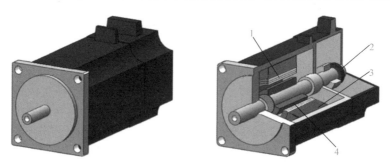

图 8-8　永磁同步交流伺服电动机外观和结构示意图
1—定子侧线圈　2—编码器　3—定子铁心　4—转子侧永久磁铁

安装了光电编码器。

2. 伺服电动机和驱动器的控制原理

图 8-9 所示为一个两极的永磁同步电动机工作原理图，当定子绕组通入交流电后，就产生一个旋转磁场，在图中用一对旋转磁极 N、S 表示。当定子磁场以同步转速 n_1 逆时针方向旋转时，根据异性相吸的原理，定子旋转磁极吸引转子磁极，带动转子一起旋转，转子的旋转速度与定子磁场的旋转速度（同步转速 n_1）相等。

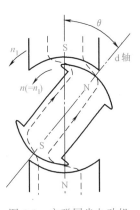

图 8-9　永磁同步电动机的工作原理

当电动机转子上的负载转矩增大时，定、转子磁极轴线间的夹角 θ 就相应增大，导致穿过各定子绕组平面法线方向的磁通量减少，定子绕组感应电动势随之减小，而定子电流增大，直到电源电压与定子绕组感应电动势达到平衡。这时，电磁转矩也相应增大，最后达到新的稳定状态。定、转子磁极轴线间的夹角 θ 称为功率角。虽然夹角 θ 会随负载的变化而改变，但只要负载不超过某一极限，转子就始终跟着定子旋转磁场以同步转速 n_1 转动，即转子的转速为 $n =$

$$n_1 = \frac{60f_1}{p}。$$

注意：只有定子旋转磁极对转子磁极的切向吸力才能产生带动转子旋转的电磁转矩，因此电磁转矩与定子电流大小的关系并不是一个线性关系，不能简单地通过调节定子电流的大小来控制电磁转矩。

实际上，现代伺服系统对定子电流的控制，除了引入定子电流的反馈信息外，还引入来自伺服电动机内置旋转编码器的角位移信号，通过复杂的运算处理获得希望的电流控制信号。

由于算法比较复杂，必须在具有功能强大的微处理器的智能装置中才能实现。伺服驱动器就是整合了智能控制器、驱动执行机构以及参数设定和状态显示等功能的装置，它与伺服电动机配套使用，构成了伺服系统。图 8-10 为永磁同步伺服系统的结构示意。该系统采用了智能控制器（DSP）、智能功率模块（IPM 逆变器）。

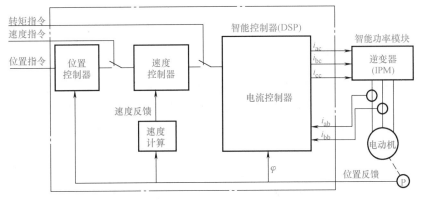

图 8-10　永磁同步伺服系统的结构示意图

在图 8-10 中，角位移信号 φ 的变化率就是速度反馈信号，用来与给定速度相比较构成速度环，实现速度控制；角位移信号本身与上位机（PLC）输出的位置指令相比较构成位置环，实现位置控制。由此可见，伺服系统本身就是一个三闭环控制系统：位置控制是外环，速度控制是中环，电流控制是内环。变换后的电流信号对智能功率模块（IPM 逆变器）进行控制，使伺服电动机运行。

三闭环控制系统提高了系统的快速性、稳定性和抗干扰能力，并且由于位置控制器带有 PI 调节器，系统的稳态误差为零，因而对给定位置信号具有良好的跟随能力。此外，这种结构也使得伺服系统可以有多种控制模式。例如，YL-335B 型自动化生产线所选用的松下 MINAS A5 系列伺服系统就具有位置控制、速度控制、转矩控制等控制模式。YL-335B 型自动化生产线只使用了位置控制模式，这种控制模式根据从上位控制器（PLC）输入的位置指令（脉冲列）进行位置控制，是最基本和最常用的控制模式之一。

3. 松下 MINAS A5 系列交流伺服电动机和驱动器

松下 MINAS A5 系列交流伺服电动机和驱动器具有设定和调整简单的特点，所配套的电动机采用了 20 位增量式旋转编码器，在低刚性机器上具有较高的稳定性，在高刚性机器上可进行高速高精度运转，因而广泛应用于各种机器上。

（1）松下 MINAS A5 系列伺服系统

YL-335B 型自动化生产线的输送单元的抓取机械手运动控制装置所采用的松下 MINAS A5 系列的伺服电动机型号为 MSMD022G1S，配套的伺服驱动装置型号为 MADHT1507E。该伺服电动机外观和结构如图 8-11 所示，伺服驱动器的外观和接口如图 8-12 所示。

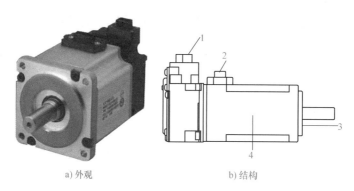

a）外观　　　　　　　　b）结构

图 8-11　MSMD022G1S 型伺服电动机外观和结构
1—编码器用连接器　2—电动机用连接器　3—法兰　4—机壳

MSMD022G1S 的含义：MSMD 表示电动机类型为低惯量；02 表示电动机的额定功率为 200W；2 表示电压规格为 200V；G 表示编码器为增量式旋转编码器，脉冲数为 2500脉冲数/r，分辨率为 10000，输出信号线数为 5 根；1S 表示标准设计，电动机结构为有键槽、无保持制动器、无油封。

MADHT1507E 的含义：MADH 表示松下 A5 系列 A 型驱动器，T1 表示最大瞬时输出电流为 10A，5 表示电源电压规格为单相/三相 200V，07 表示电流监测器额定电流为

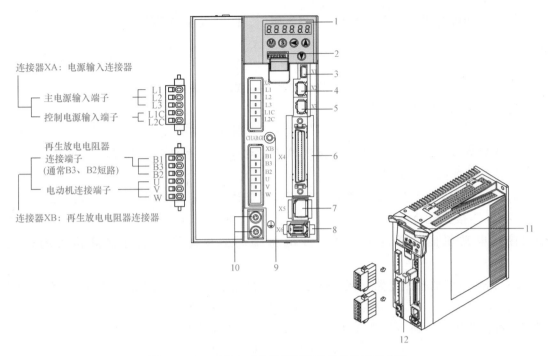

图 8-12　MADHT1507E 型伺服驱动器的外观和接口

1—前面板　2—连接器 X7：监视器用连接器　3—连接器 X1：USB 连接器　4—连接器 X2：串行通信用连接器

5—连接器 X3：安全功能用连接器　6—连接器 X4：并行 I/O 连接器　7—连接器 X5：反馈光栅尺连接器

8—连接器 X6：编码器连接器　9—充电灯　10—接地连接螺钉　11—丙烯盖　12—安全旁通插头

7.5A，E 表示 A5E 系列。

（2）伺服系统的接线

1）伺服系统的主电路接线。MADHT1507E 型伺服驱动器面板上有多个接线端口，YL-335B 型自动化生产线上伺服系统的主电路接线只使用了电源接口 XA、电动机连接接口 XB、编码器连接器 X6，如图 8-13 所示。

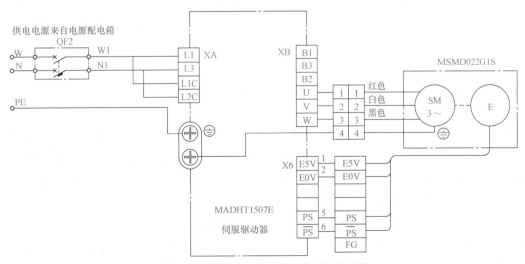

图 8-13　伺服驱动器与伺服电动机的连接

① AC 220V 电源连接到 XA 的 L1、L3 端子，同时也连接到控制电源端子 L1C、L2C 上。

② XB 是电动机接口和外置再生放电电阻器接口，其中，U、V、W 端子用于连接电动机；B1、B2、B3 端子外接再生放电电阻器，YL-335B 型自动化生产线没有使用。

进行电动机接线时必须注意：

a）交流伺服电动机的旋转方向不像感应电动机那样可以通过交换三相相序来改变，必须保证驱动器上的 U、V、W、E 接线端子与电动机主电路接线端子按规定的次序一一对应，否则可能造成驱动器的损坏。

b）电动机接地端子和驱动器接地端子必须保证可靠地连接到同一个接地点上。

③ X6 连接到电动机编码器信号接口，连接电缆应选用带有屏蔽层的双绞电缆，屏蔽层接到电动机侧的接地端子上，并应将编码器电缆屏蔽层连接到插头的外壳（FG）上。

2）伺服系统的控制电路接线。伺服系统的控制电路接线均在 I/O 控制信号端口 X4 上完成。该端口是一个 50 针端口，各引出端子功能与控制模式有关。MINAS A5 系列伺服系统有位置控制、速度控制和转矩控制，以及全闭环控制等控制模式。

YL-335B 型自动化生产线采用位置模式，并根据设备工作要求只使用了部分端子，它们分别是：

① 脉冲驱动信号输入端（OPC1、PULS2、OPC2、SIGN2）。

② 越程故障信号输入端：正方向越程（9 脚，POT），负方向越程（8 脚，NOT）。

③ 伺服 ON 输入（29 脚 SRV_ ON）。

④ 伺服报警输出（37 脚，ALM+；36 脚，ALM-）。

为了方便接线和调试，YL-335B 型自动化生产线在出厂时已经在 X4 端口引出线接线插头内部把伺服 ON 输入（SRV_ ON）和伺服报警输出负端（ALM-）连接到 COM-端（0V）。因此，从接线插头引出的信号线只有 OPC1、PULS2、OPC2、SIGN2、POT、NOT、ALM+ 7 根信号线，以及 COM+和 COM-电源引线，共 9 根线，具体如图 8-14a 所示。图中，脉冲信号和方向信号都来自 PLC，S7-200 SMART PLC 的脉冲输出端与伺服驱动器的连接如图 8-14b 所示。

（3）伺服驱动器的参数设置

伺服驱动器具有设定其特性和功能的各种参数，参数分为七类，即分类 0（基本设定），分类 1（增益调整），分类 2（振动抑制功能），分类 3（速度、转矩控制、全闭环控制），分类 4（I/F 监视器设定），分类 5（扩展设定）和分类 6（特殊设定）。设置参数的方法有两种：一种是通过与 PC 连接后在专门的调试软件上进行设置；另一种是在驱动器的前面板上进行。YL-335B 型自动化生产线需要设置的伺服参数不多，只需在前面板上进行设置即可。

1）前面板及其参数设置操作。MINAS A5 系列伺服驱动器前面板及按键功能的说明如图 8-15 所示。

在前面板上进行参数设置操作包括参数设定和参数保存两个环节，图 8-16 给出了一

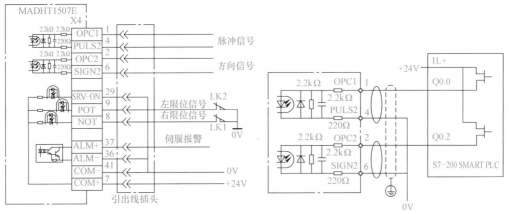

a) X4端口部分引出线及内部电路

b) PLC的脉冲输出端与驱动器的连接

图 8-14 伺服驱动器控制信号及其与 S7-200 SMART PLC 的接线

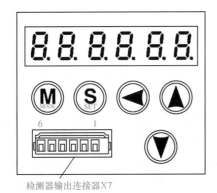

检测器输出连接器X7

a) 前面板示意图

按键功能说明

按键	激活条件	功能
模式转换键 (MODE)	在模式显示时有效	在以下模式之间切换:①监视器模式;②参数设置模式;③EEPROM 写入模式;④辅助功能模式
设置键(SET)	一直有效	在模式显示和执行显示之间切换
升降键 ⓐ ⓥ	仅对小数点闪烁的那一位数据位有效	改变各模式的显示内容、更改参数、选择参数或执行选中的操作
移位键 ◀		把移动的小数点移动到更高位数

b) 按键功能说明

图 8-15 伺服驱动器前面板及按键功能说明

个将参数 Pr_ 008 的值从初始值 10000 修改为 6000 的流程示例。

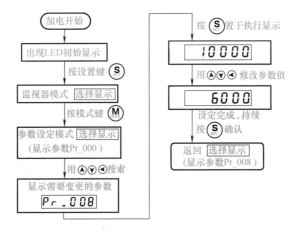

图 8-16 参数设定的操作流程

图 8-17 是在参数设定完成后将参数设定结果写入 EEPROM，以保存设定数据的操作流程。

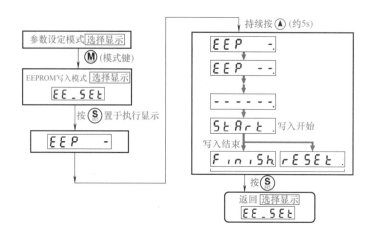

图 8-17　参数保存的操作流程

2）参数初始化。参数初始化操作属于辅助功能模式。须按 "MODE" 键选择辅助功能模式，出现选择显示 "AF_ Acl"，然后按▲选择辅助功能，当出现 "AF-ini" 时，按 "SET" 键确认，即进入参数初始化功能，出现执行显示 "ini-"。持续按▲（约 5s），出现 "StArt" 时参数初始化开始，再出现 "FiniSh" 时初始化结束。

3）YL-335B 型自动化生产线中伺服系统需要设置的参数。YL-335B 型自动化生产线中伺服系统工作于位置控制模式，PLC 的高速脉冲输出端输出脉冲作为伺服驱动器的位置指令，脉冲的数量决定了伺服电动机的旋转位移，即机械手的直线位移；脉冲的频率决定了伺服电动机的旋转速度，即机械手的运动速度；PLC 的另一输出点作为伺服驱动器的方向指令。伺服系统的参数设置应满足控制要求，并与 PLC 的输出相匹配。

① 指定伺服电动机旋转的正方向。设定的参数为 Pr0.00。如果设定值为 0，则正向指令时，电动机旋转方向为 CCW 方向（从轴侧看电动机为逆时针方向旋转）；如果设定值为 1（默认值），则正向指令时，电动机旋转方向为 CW 方向（从轴侧看电动机为顺时针方向旋转）。

YL-335B 型自动化生产线的输送单元要求抓取机械手装置运动的正方向是远离伺服电动机的方向。由图 8-18 可见，这时要求电动机旋转方向为 CW 方向（从轴侧看电动机为顺时针方向），故 Pr0.00 设定为默认值 1。

② 指定伺服系统的运行模式。设定的参数为 Pr0.01。该参数设定范围为 0~6，默认值为 0，指定定位控制模式。

③ 设定运行中发生越程故障时的保护策略。设定的参数为 Pr5.04，设定范围为 0~2，数值含义如下。

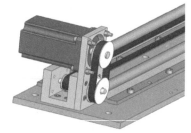

图 8-18　伺服电动机的传动装置图

0：发生正方向（POT）或负方向（NOT）越程故障时，驱动禁止，但不发生报警。

1：POT、NOT 驱动禁止无效（默认值）。

2：POT/NOT 任一方向输入将发生 Err38.0（驱动禁止输入保护）出错报警。

抓取机械手装置运动时若发生越程，可能导致设备损坏事故，故该参数设定为 2，此时发生越程，伺服电动机将立即停止。仅当越程信号复位，且驱动器断电后再重新上电，报警装置才能复位。

④ 设定驱动器接收指令脉冲输入信号的形态，以适应 PLC 的输出信号。

指令脉冲信号形态包括指令脉冲信号极性和指令脉冲输入模式两方面，分别用 Pr0.06 和 Pr0.07 两个参数设置。

Pr0.06 设定指令脉冲信号的极性，设定为 0 时为正逻辑，输入信号高电平（有电流输入）为 "1"；设定为 1 时为负逻辑。PLC 的定位控制指令都采用正逻辑，故 Pr0.06 应设定为 0（默认值）。

Pr0.07 用来确定指令脉冲旋转方向的输入模式。旋转方向可用两相正交脉冲、正向旋转脉冲和反向旋转脉冲、指令脉冲+指令方向等三种方式来表征，当设定 Pr0.07 = 3 时，选择指令脉冲+指令方向的方式，S7-200 SMART PLC 的定位控制指令采用此种驱动方式。

当设定 Pr0.06 = 0，Pr0.07 = 3 时，伺服驱动器的 OPC1 和 OPC2 端子输入的正向指令信号波形如图 8-19 所示。

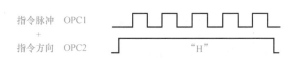

图 8-19 正向指令信号波形

⑤ 设置电子齿轮比，以设置指令脉冲的行程。

电子齿轮的概念扼要说明如下：图 8-10 所示的三闭环控制系统结构图可等效地简化为一个单闭环位置控制系统结构图，如图 8-20 所示，指令脉冲信号进入驱动器后，须通过电子齿轮变换后才与电动机编码器反馈脉冲信号进行偏差计算。电子齿轮实际是一个分-倍频器，合理搭配它的分-倍频值，可以灵活地设置指令脉冲的行程。

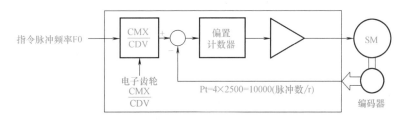

图 8-20 等效的单闭环位置控制系统结构

MINAS A5 系列伺服驱动器配置了 Pr0.08 这一参数，其含义为"伺服电动机每旋转一周的指令脉冲数"。以编码器分辨率（2500×4 = 10000）为分子，Pr0.08 的设置值为分母来构成电子齿轮比。当指令脉冲数恰好为 Pr0.08 设置值时，偏差计数器给定输入端的脉冲数正好为 10000，从而达到稳态运行时伺服电动机旋转一周的目标。

在 YL-335B 型自动化生产线中，伺服电动机所连接的同步轮齿数为 12，齿距为

5mm，故每旋转一周抓取机械手装置移动 60mm。为了便于编程计算，希望脉冲当量为 0.01mm，即伺服电动机旋转一周需要 PLC 发出 6000 个脉冲，故应把 Pr0.08 设置 为 6000。

⑥ 设置前面板显示 LED 的初始状态。设定参数为 Pr5.28，参数设定范围为 0~35，默认设定为 1，显示电动机实际转速。

以上六项参数是 YL-335B 型自动化生产线的伺服系统在正常运行时所必需的。**须注 意的是**：参数 Pr0.00、Pr0.01、Pr5.04、Pr0.06、Pr0.07、Pr0.08 的设置必须在控制电 源断电重启之后修改才能生效。

任务一　输送单元装置侧的安装与调试

一、工作任务

本实训任务要求在 YL-335B 型自动化生产线的工作台上完成输送单元的机械及气动 部件的安装，气管和电气配线的敷设和连接。在机械、气动系统装配完成后接通气源，完成气动元件的动作调整。

二、机械部件的安装步骤和方法

1. 直线运动组件的组装步骤

1）在工作台上定位并固定直线导轨组件。在 YL-335B 型自动化生产线 各工作单元在工作台上的整体安装中，直线导轨组件的定位与固定是首先 需要进行的工作。其他各工作单元在工作台上的布局，均以固定在安装底 板上的原点开关中心为基准。

"输送安装" 视频

图 8-21 所示为直线导轨组件在工作台上定位的尺寸要求。在沿 T 形槽方向，组件右 端面与工作台右端面之间的距离为 60mm；沿垂直 T 形槽方向，只需指定置入紧定螺母 的 T 形槽即可确定定位位置。

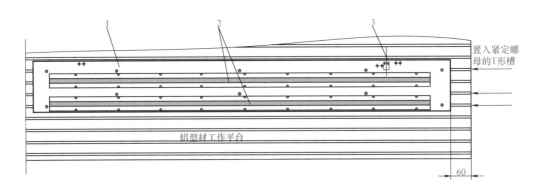

图 8-21　直线导轨组件在工作台上定位的尺寸要求

1—安装底板　2—圆柱形导轨　3—原点开关中心线

用于固定安装底板的紧定螺栓共 10 个。安装时，首先将 10 个紧定螺栓穿入底板的固定孔并旋上螺母（不要拧紧），然后沿相应的 T 形槽将直线导轨组件插入工作台，找准定位位置后将组件固定。**注意**：拧紧螺栓时必须按一定的顺序逐步进行，以确保抓取机械手装置运动平稳、受力均匀、运动噪声小。

2）安装滑动溜板、同步带和同步轮，组成同步带传送装置。

① 装配滑动溜板、四个滑块组件：将滑动溜板与两直线导轨上的四个滑块的位置找准并加以固定，在拧紧固定螺栓时，应一边推动滑动溜板左右运动，一边拧紧螺栓，确保滑动溜板和滑块组件滑动顺畅。

② 连接同步带。

a）将连接了四个滑块的滑动溜板整体从导轨的一端取出，翻转放在导轨上。

b）将同步带两端分别穿过主动同步轮和从动同步轮，在此过程中应注意两个同步轮安装支架的安装方向及相对位置。

c）在滑动溜板的背面将同步带的两端用固定座固定，然后重新将滑块套入导轨。

注意：用于滚动的钢球嵌在滑块的橡胶套内，将滑块取出和放入导轨时必须避免橡胶套受到破坏而致使钢球掉落。

③ 分别将主动同步轮和从动同步轮安装支架固定在导轨安装底板上，注意保持连接安装好的同步带平顺一致。然后调整好同步带的张紧度，锁紧螺栓。

图 8-22 分别给出了滑动溜板、主动同步轮组件和从动同步轮组件安装完成后的效果图。

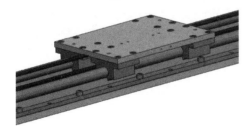  

a）连接了同步带的滑动溜板效果图　　　b）主动同步轮组件安装效果图　　　c）从动同步轮组件安装效果图

图 8-22　安装完成的效果图

3）安装伺服电动机，为同步带传送装置提供动力源。将电动机安装板固定在主动同步轮支架的相应位置，将电动机与电动机安装板活动连接，并在主动轴、电动机轴上分别套装同步轮，安装好同步带，调整电动机位置，锁紧连接螺栓，如图 8-23所示。

注意：伺服电动机是一种精密装置，安装时切勿敲打其轴端，更不要拆卸电动机。另外，在以上各构成零件中，轴承以及轴承座均为精密机械零部件，拆卸以及组装需要较熟练的技能和专用工具，因此，不可轻易对其进行拆卸和组装。

完成上述安装后，装上左、右极限开关以及原点开关支架，最后完成直线运动组件的装配。

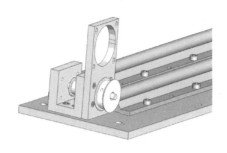

a) 伺服电动机安装支架固定在主动同步轮支架侧面   b) 装配伺服电动机组件

图 8-23　伺服电动机组件的安装效果图

2. 拖链装置的安装

拖链装置由塑料拖链和拖链托盘组成。安装时，首先确定拖链托盘相对于直线运动组件的安装位置，将紧定螺母置入相应的 T 形槽中；接着固定拖链托盘，然后将塑料拖链铺放在托盘上，再固定拖链的左端，如图 8-24 所示。

3. 抓取机械手装置的组装

1）按表 8-1 所列步骤组装提升机构。

2）把摆动气缸（即手臂伸缩气缸）固定在组装好的提升机构上，然后在摆动气缸上固定导杆气缸安装板，如图 8-25 所示。安装时，要先找好导杆气缸安装板与摆动气缸连接的原始位置，以确保足够的回转角度。

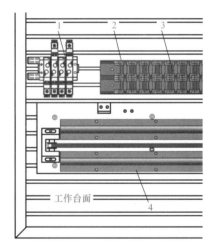

图 8-24　在工作台安装拖链装置

1—电磁阀组　2—拖链托盘
3—拖链　4—直线运动组件

表 8-1　提升机构的组装步骤

步骤1：装配机械手的支承架	步骤2：装配提升机构

（续）

步骤3：装配薄型气缸、组件底板，完成组件装配	
	装配说明： 固定薄型气缸、组件底板的紧定螺栓均从底部向上旋入，装配时，请在步骤2完成后将组件翻转过来以便操作

3）连接气动手指和导杆气缸，然后把导杆气缸固定到导杆气缸安装板上。完成的抓取机械手装置如图8-26所示。

图8-25　安装摆动气缸和导杆气缸安装板

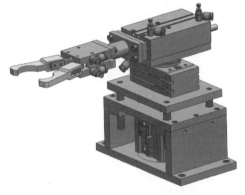

图8-26　装配完成的抓取机械手装置

把抓取机械手装置固定到直线运动组件的滑动溜板上，再装上拖链连接器，并与拖链装置相连接，从而完成输送单元机械部分的安装，如图8-27所示。

三、装置侧电气设备的安装、拖链配线的敷设、气路连接和装置侧的电气接线

（1）装置侧电气设备的安装

装置侧电气设备包括原点开关、左/右极限开关、伺服驱动器、接线端口、电磁阀组及

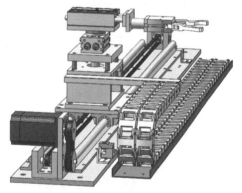

图8-27　装配完成的输送单元机械部分

线槽等。伺服驱动器、接线端口、电磁阀组等设备安装位置的确定，应以连接管线便捷、便于操作、不妨碍运动部件的运行为原则。

（2）拖链配线的敷设

连接到抓取机械手装置上的管线首先绑扎在拖链带安装支架上，然后沿拖链带敷

设，进入管线线槽中。绑扎管线时要注意管线引出端到绑扎处保持足够长度，以免机构运动时被拉紧而造成脱落。沿拖链敷设时注意管线不要相互交叉。

（3）气路连接

从拖链带引出的气管按图 8-6 插接到电磁阀组。气路连接完毕，应按规范绑扎（包括拖链带内的气管）气管。

（4）装置侧的电气接线

装置侧的电气接线工作包括：抓取机械手装置各气缸上驱动线圈和磁性开关的引出线、原点开关、左/右极限开关的引出线，以及伺服驱动器控制线等连接到输送单元装置侧的接线端口。输送单元装置侧的接线端口信号端子的分配见表 8-2。

表 8-2　输送单元装置侧的接线端口信号端子的分配

输入端口中间层			输出端口中间层		
端子号	设备符号	信号线	端子号	设备符号	信号线
2	BG1	原点开关检测	2	PULS	伺服电动机脉冲
3	SQ1_K	右限位保护	3	—	
4	SQ2_K	左限位保护	4	DIR	伺服电动机方向
5	1B1	提升机构下限	5	1Y	提升机构上升
6	1B2	提升机构上限	6	2Y1	手臂左转驱动
9	2B1	手臂旋转左限	7	2Y2	手臂右转驱动
10	2B2	手臂旋转右限	8	3Y	手爪伸出驱动
11	3B1	手臂伸出到位	9	4Y1	手爪夹紧驱动
12	3B2	手臂缩回到位	10	4Y2	手爪放松驱动
13	4B	手指夹紧检测			
14	ALM+	伺服报警信号			

四、装置侧机械部件和气路的调试

1）调试装置侧气路时，首先用各气缸电磁阀上的手动换向按钮验证各气缸的初始位置和动作位置是否正确。进一步调整气缸动作的平稳性时要注意，摆动气缸的转矩较大，应确保足够气源压力，然后反复调整节流阀控制活塞杆的往复运动速度，使得气缸动作时无冲击、无爬行现象。

2）装置侧机械部件的装配和气动回路的连接完成以后，断开伺服装置电源，手动往复移动抓取机械手装置，测试直线运动组件的安装质量，并进行必要的调整。

任务二　输送单元的 PLC 控制实训

一、工作任务

输送单元单站运行的目标是测试设备传送工件的功能。测试时，要求其他各工作单元已经就位，如图 8-28 所示。设备通电前，需将抓取机械手装置手动移到直线导轨中间位置，并在供料单元的出料台上放置一个工件。

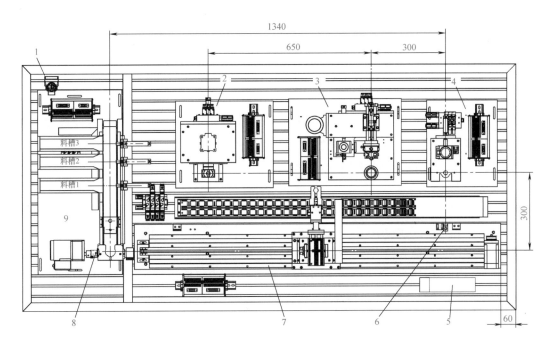

图 8-28 YL-335B 型自动化生产线安装平面图

1—气源处理器 2—加工单元 3—装配单元 4—供料单元 5—伺服驱动器

6—原点开关 7—输送单元 8—光电传感器 9—分拣单元

1. 具体测试要求

1）设备通电且气源接通后，应按下复位按钮 SB2 执行复位操作，使各个气缸位于初始位置，抓取机械手装置回到原点位置。复位完成，指示灯 HL1 常亮，表示设备已经准备好（**注**：气缸初始位置是指提升气缸位于下限位，摆动气缸位于右限位，伸缩气缸处于缩回状态，气动手指处于松开状态）。

2）当设备准备好，按钮/指示灯模块的方式选择开关 SA 置于"单站方式"位置时，按下启动按钮 SB1，设备启动，设备运行指示灯 HL2 常亮，开始功能测试过程。

3）正常功能测试。

① 抓取机械手装置从供料单元出料台抓取工件。

② 抓取动作完成后，抓取机械手装置向装配单元移动，移动速度不小于 200mm/s。到达装配单元物料台的正前方后，把工件放到装配单元物料台上。

③ 放下工件动作完成 2s 后，抓取机械手装置执行抓取装配单元工件的操作。

④ 抓取动作完成后，抓取机械手装置向加工单元移动，移动速度不小于 200mm/s。到达加工单元物料台的正前方后，把工件放到加工单元物料台上。

⑤ 放下工件动作完成 2s 后，抓取机械手装置执行抓取加工单元工件的操作。

⑥ 抓取动作完成后，摆动平台逆时针旋转 90°，抓取机械手装置向分拣单元移动，移动速度不小于 200mm/s。到达后，在分拣单元进料口把工件放下。

⑦ 放下工件动作完成后，抓取机械手手臂缩回，摆动平台顺时针旋转 90°，然后以 250mm/s 的速度返回，接近原点时，以 100mm/s 的速度返回原点。

⑧ 当抓取机械手装置返回原点后，一个测试周期结束，系统停止运行。当供料单元的出料台上再次放置工件时，可再按一次启动按钮 SB1，即开始新一轮的测试。

4）系统运行的紧急停车测试。若在工作过程中按下急停按钮 QS，系统将立即停止运行。急停按钮复位后，系统从急停前的断点开始继续运行。

2. 要求完成的工作任务

1）设计该工作单元的 PLC 控制电路，包括规划 PLC 的 I/O 分配及接线端子分配，绘制控制电路图，然后进行 PLC 侧的电气接线。

2）按控制要求编制和调试 PLC 程序。

二、PLC 的选型和电气控制电路的设计及接线

1. 规划 PLC 的 I/O 分配

输送单元 PLC 的输入信号主要来自按钮/指示灯模块的按钮或开关主令信号、各构件的传感器信号等；输出信号包括输出到抓取机械手装置各电磁阀的控制信号和输出到伺服电动机及驱动器的脉冲信号和驱动方向信号，以及为显示设备的工作状态而输出到按钮/指示灯模块的信号。由于需要输出驱动伺服电动机的高速脉冲，PLC 应采用晶体管输出型。

"输送 PLC 侧接线"
视频

基于上述考虑，根据表 8-2 选用 S7-200 SMART CPV ST40 DC/DC/DC，24 点输入，16 点输出，表 8-3 给出了输送单元 PLC 的 I/O 信号分配。

表 8-3　输送单元 PLC 的 I/O 信号分配

输 入 信 号				输 出 信 号			
序号	PLC 输入点	信号名称	信号来源	序号	PLC 输出点	信号名称	信号来源
1	I0.0	原点开关检测（BG1）	装置侧	1	Q0.0	伺服电动机脉冲（PULS）	装置侧
2	I0.1	右限位保护（SQ1_K）					
3	I0.2	左限位保护（SQ2_K）		2	Q0.2	伺服电动机方向（DIR）	
4	I0.3	提升机构下限（1B1）					
5	I0.4	提升机构上限（1B2）		3	Q0.3	提升机构上升（1Y）	
6	I0.5	手臂旋转左限（2B1）		4	Q0.4	手臂左转驱动（2Y1）	
7	I0.6	手臂旋转右限（2B2）		5	Q0.5	手臂右转驱动（2Y2）	
8	I0.7	手臂伸出到位（3B1）		6	Q0.6	手爪伸出驱动（3Y）	
9	I1.0	手臂缩回到位（3B2）		7	Q0.7	手爪夹紧驱动（4Y1）	
10	I1.1	手指夹紧检测（4B）		8	Q1.0	手爪放松驱动（4Y2）	
11	I1.2	伺服报警信号（ALM+）					
12	I2.4	启动按钮（SB1）	按钮/指示灯模块	9	Q1.5	准备就绪指示（黄 HL1）	按钮/指示灯模块
13	I2.5	复位按钮（SB2）					
14	I2.6	急停按钮（QS）		10	Q1.6	设备运行指示（绿 HL2）	
15	I2.7	方式选择（SA）		11	Q1.7	停止指示（红 HL3）	

2．PLC 控制电路图的绘制及说明

输送单元 PLC 的 I/O 接线如图 8-29 所示。其中，输入点 I0.1 和 I0.2 分别与右、左极限开关 SQ1 和 SQ2 常开触点连接，给 PLC 提供越程故障信号。以右越程故障为例，当故障发生时，右极限开关 SQ1 动作，其常闭触点断开，向伺服驱动器发出报警信号，使伺服驱动器发生 Err38.0 报警；同时，SQ1 常开触点接通，越程故障信号输入 PLC，伺服电动机立即停止，同时 PLC 接收到故障信号后立即作出故障处理，从而使系统运行的可靠性得以提高。

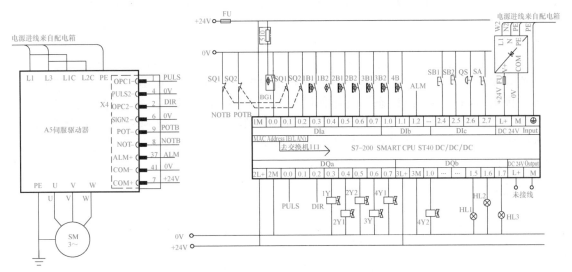

图 8-29　输送单元 PLC 的 I/O 接线原理图

三、伺服参数设置

完成系统硬件接线，经校验后为系统通电，设置伺服驱动器参数见表 8-4。

表 8-4　设置伺服驱动器参数

序号	参数		设置值	初始值	序号	参数		设置值	初始值
	参数号	参数名称				参数号	参数名称		
1	Pr5.28	LED 初态	1	1	5	Pr0.06	指令脉冲和旋转方向极性设置	0	0
2	Pr0.00	旋转方向	1	1	6	Pr0.07	指令脉冲输入方式	3	1
3	Pr0.01	控制模式	0	0	7	Pr0.08	电动机每旋转一周的指令脉冲数	6000	10000
4	Pr5.04	驱动禁止输入设定	2	1					

四、编写和调试 PLC 控制程序

1. 程序控制结构

输送单元程序控制结构主要考虑：1 个主程序"MAIN"调用 3 个一级子程序"初态复位""运行控制"与"状态显示"；其中，"初态复位"调用二级子程序"回原点"；"运行控制"调用二级子程序"抓取工件"与"放下工件"。

主程序 MAIN 主要完成系统启停等主流程控制。"初态复位"与"回原点"主要完成系统的复位。"运行控制""抓取工件"与"放下工件"主要完成输送顺序控制过程。

2. 运动轴向导组态

与装配单元 II 类似，在编程前也需进行运动控制向导组态。运动轴组态如下：选择"轴 0"，测量系统选择"相对脉冲"，方向控制选择"单相（2 输出），极性选择正"，加减速时间设置为"100ms"。输入选项处除了 RPS 参考点选"I0.0"外，还需要对正、负方向极限 LMT+、LMT-组态，具体如图 8-30 与图 8-31 所示。此外，电动机速度的最大值为"100000 脉冲数/s"，启停速度为"1000 脉冲数/s"；快速参考点查找速度为"5000 脉冲数/s"，慢速参考点查找速度为"1000 脉冲数/s"，搜索顺序选择"2"，其他均为默认值。

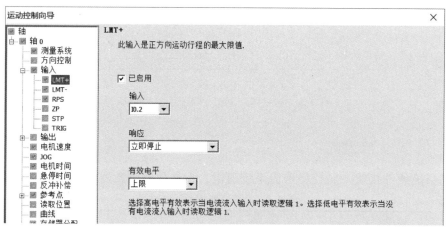

图 8-30　正极限组态

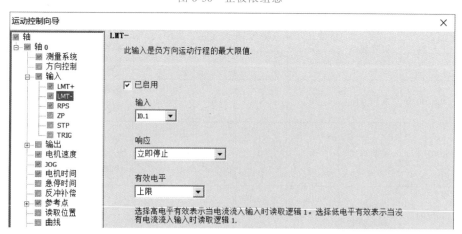

图 8-31　负极限组态

3. PLC 程序编写

(1) 系统启停及复位

系统启停控制过程主要包括上电初始化、急停或越程故障检测、抓取机械手装置及直线运动机构复位、系统是否准备就绪检测，以及准备就绪后系统启停等操作。系统复位、准备就绪条件检查及启停部分编程要点详见表 8-5。

表 8-5 　系统复位准备就绪条件检查及启停部分编程要点

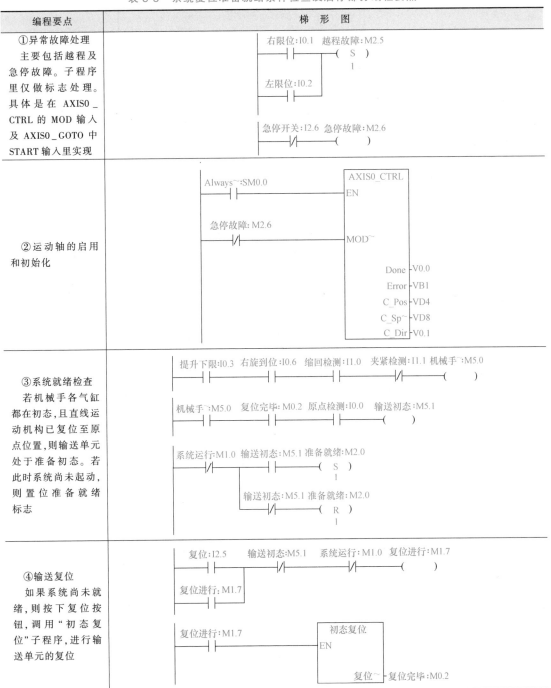

编程要点	梯 形 图
①异常故障处理 主要包括越程及急停故障。子程序里仅做标志处理。具体是在 AXIS0_CTRL 的 MOD 输入及 AXIS0_GOTO 中 START 输入里实现	右限位:I0.1 　越程故障:M2.5 左限位:I0.2 急停开关:I2.6 急停故障:M2.6
②运动轴的启用和初始化	Always~:SM0.0　　　　AXIS0_CTRL 急停故障:M2.6 Done-V0.0 Error-VB1 C_Pos~-VD4 C_Sp~-VD8 C_Dir-V0.1
③系统就绪检查 若机械手各气缸都在初态,且直线运动机构已复位至原点位置,则输送单元处于准备初态。若此时系统尚未起动,则置位准备就绪标志	提升下限:I0.3 右旋到位:I0.6 缩回检测:I1.0 夹紧检测:I1.1 机械手:M5.0 机械手:M5.0 复位完毕:M0.2 原点检测:I0.0 输送初态:M5.1 系统运行:M1.0 输送初态:M5.1 准备就绪:M2.0 输送初态:M5.1 准备就绪:M2.0
④输送复位 如果系统尚未就绪,则按下复位按钮,调用"初态复位"子程序,进行输送单元的复位	复位:I2.5 输送初态:M5.1 系统运行:M1.0 复位进行:M1.7 复位进行:M1.7 复位进行:M1.7 　　初态复位 复位~-复位完毕:M0.2

（续）

编程要点	梯 形 图
⑤系统启动： 　准备就绪时，按下启动按钮，系统运行，调用"运行控制"步进程序	联机模式:M3.0　准备就绪:M2.0　起动:I2.4　　系统运行:MD1.0 　├─┤/├────┤　├────┤　├────────(S) 　　　　　　　　　　　　　　　　　　　　　　　　　　1 系统运行:M1.0　越程故障:M2.5　急停故障:M2.6　　运行控制 　├─┤　├────┤/├────┤/├────────EN
⑥系统停止 　完成一个测试周期后，置位标志M1.1，延时后，复位运行及停止标志位	系统停止:M1.1　　　　　　　　　　　T37 　├─┤　├────────────IN　TON 　　　　　　　　　　　　　　　5─PT　　100～ 　　T37　　　系统运行:M1.0 　├─┤　├────────(R) 　　　　　　　　　　　　　2

其中，"初态复位"子程序如图 8-32 所示，输出参数"复位完毕"定义如图 8-33 所示。初态复位主要包括：输送单元各气缸及直线运动机构的复位。气缸复位主要考虑双作用电磁阀控制的摆动气缸及气动手指的复位。直线运动机构的复位主要通过二级调用子程序"回原点"实现。"回原点"子程序如图 8-34 所示，输出参数"回零完毕"定义如图 8-35 所示。

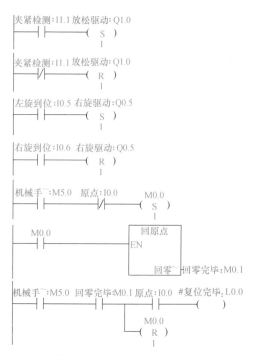

图 8-32　"初态复位"子程序

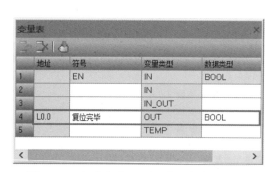

图 8-33　"初态复位"子程序局部变量定义

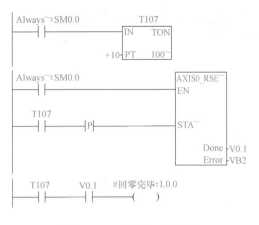

图 8-34　"回原点"子程序

图 8-35　"回原点"子程序局部变量定义

（2）主程序顺序控制过程

主程序顺序控制为单序列步进顺序控制，其主要任务是实现工件的传送，主要流程如图 8-36 所示。

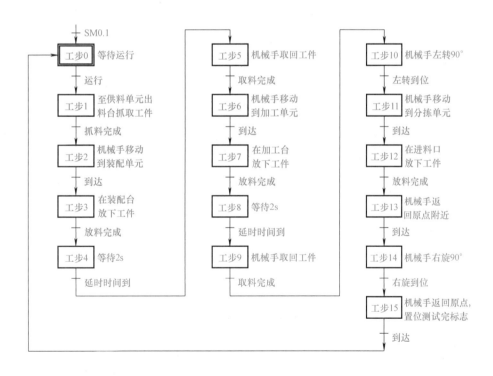

图 8-36　工件传送步进程序控制流程

工件传送过程中主要涉及运动轴控制、抓取工件、放下工件。编程步骤详见表 8-6。

其中，抓料子程序与放料子程序见表 8-7。

表 8-6　工件传送步进顺序控制程序编程步骤

编程步骤	梯 形 图
①初始步：工步 0 当系统运行条件为 ON，延时 2s，时间到，步进程序转移至工步 1	
②工步 1 调用"抓取工件"子程序，在供料台位置抓取工件。抓取完毕标志位置 1 时，转移至工步 2	
③工步 2 机械手移至装配单元，到达位置后，标志位 V0.2 置位，利用其上升沿转移步进程序至工步 3	

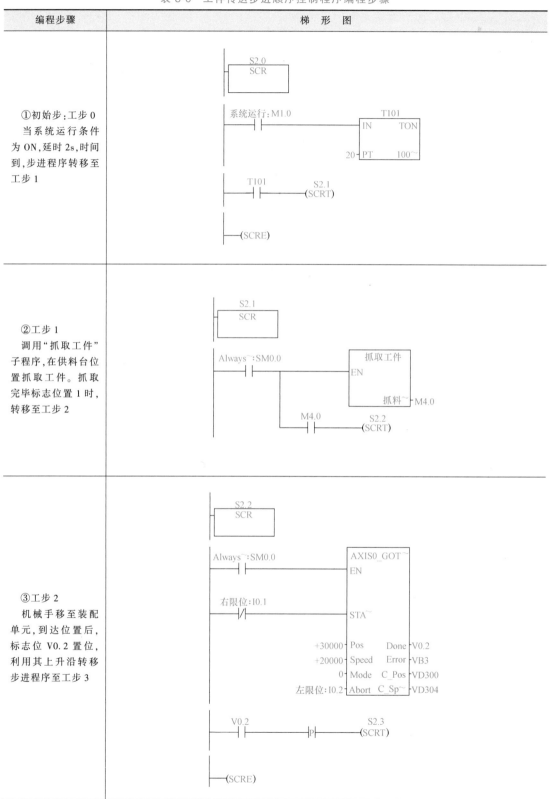

（续）

编程步骤	梯　形　图
④工步 3 调用子程序"放下工件"，在装配台位置放下工件，放下完毕标志位置 1 时，转移至工步 4。 工步 4～工步 14 按图 8-36 依次进行，编程方法与上述类似，此处省略	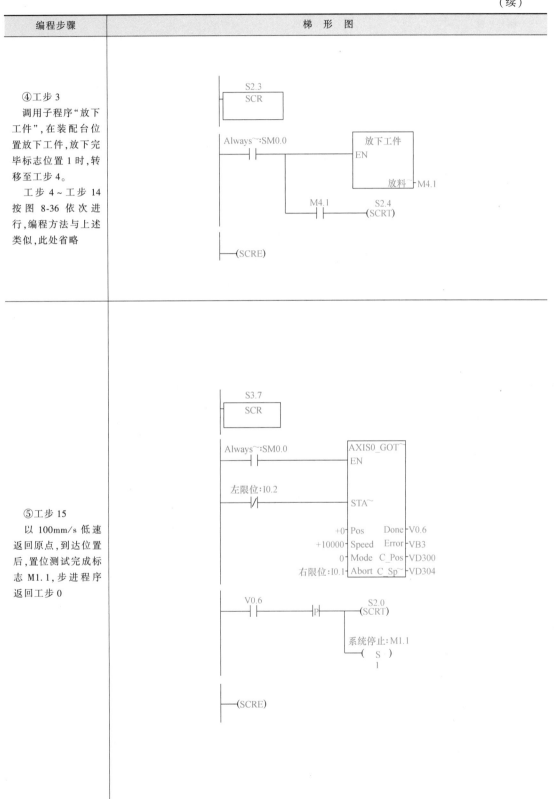
⑤工步 15 以 100mm/s 低速返回原点，到达位置后，置位测试完成标志 M1.1，步进程序返回工步 0	

表 8-7 抓料及放料子程序

编程步骤	梯形图
①"抓取工件"子程序 机械手伸出，延时0.3s后执行夹紧，延时0.3s后，机械手提升，然后缩回，同时复位夹紧电磁阀（保持夹紧状态）	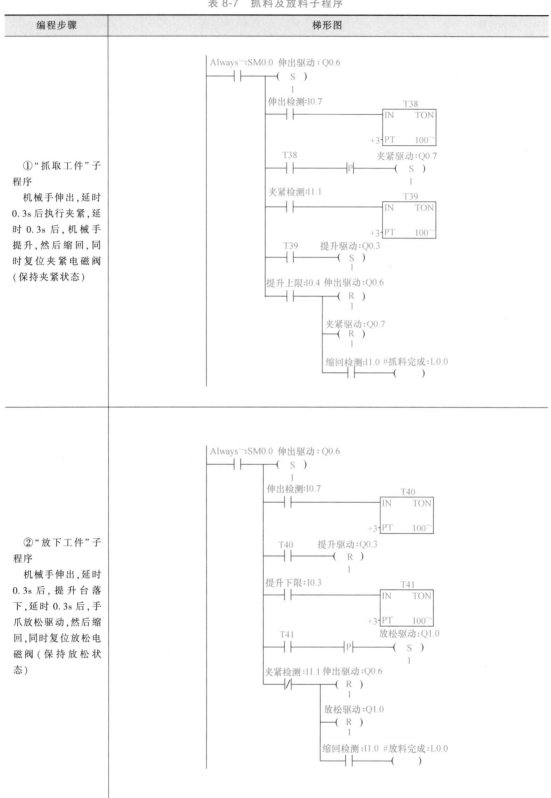
②"放下工件"子程序 机械手伸出，延时0.3s后，提升台落下，延时0.3s后，手爪放松驱动，然后缩回，同时复位放松电磁阀（保持放松状态）	

项目测评

项目测评 8

小结与思考

1. 小结

1）YL-335B 型自动化生产线输送单元的主要功能就是控制抓取机械手装置完成工件的传送。实现准确传送的关键是精确确定装配、加工、分拣等工作单元物料台的位置坐标。

2）伺服系统具有对给定位置信号良好跟踪的能力，因此在急停以后重新运行，仍能准确到达目标位置。

3）采用运动控制向导组态输送单元的运动轴时，需要考虑启用：正方向运动行程的最大限值 LMT+，负方向运动行程的最大限值 LMT-，并需按实际接线设置相关的 PLC 输入点。

2. 思考题

输送单元抓取机械手装置在运动过程中不允许发生越程故障，否则可能损坏设备。但设备运行中可能出现极限开关误动作的情况。请设计一个编程方案，当极限开关误动作时，程序能自动判断越程故障的真伪；若为误动作越程，程序能在伺服系统重新上电后恢复正常运行。

科技文献阅读

The delivery unit consists of gripping manipulator, drive components of servo motor, PLC module, the button/indicator light module, wiring terminal and so on. The gripping manipulator can achieve lifting, stretching/withdrawing, clamping/releasing, rotating left/right, and can move along the linear guide. Driven by the drive components, it reciprocates in straight line and moves to the material table of other working units and finishes the function of gripping and releasing workpieces. Top view of the servo drive componeuts and structure of gripping manipulator are shown in the following figures.

专业术语：

（1）gripping manipulator：抓取机械手

（2）servo motor：伺服电动机

（3）servo driver：伺服驱动器

（4）origin switch：原点开关

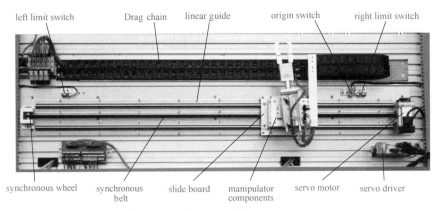

Top view of the servo drive components

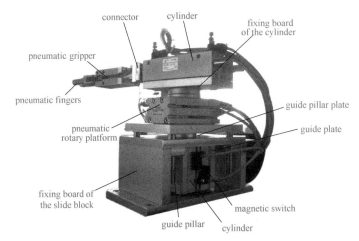

Structure of gripping manipulator

（5） limit switch：限位开关

（6） magnetic switch：磁性开关

（7） synchronous belt：同步带

（8） synchronous wheel：同步轮

（9） linear guide：直线导轨

（10） drag chain：拖链

（11） slide board：滑动溜板

（12） guide pillar：导柱

（13） pneumatic rotary platform：气动摆台

（14） fixing board of the cylinder：气缸固定板

（15） pneumatic gripper：气动手爪

（16） the button/indicator light module：按钮/指示灯模块

项目九

YL-335B型自动化生产线的总体安装与调试

项目目标

1. 掌握 S7-200 SMART CPU 以太网组网的相关知识和基本技能。
2. 掌握 S7-200 SMART CPU 与 G120C 变频器之间的 USS 协议通信。
3. 掌握自动化生产线整体安装和调试的基本方法和步骤。

项目描述

YL-335B 型自动化生产线各工作单元 PLC、人机界面采用以太网实现互连。输送单元 PLC 作为主站，主令信号由人机界面发出，人机界面能实时显示各工作单元的状态。分拣单元 PLC 与变频器采用 USS 协议通信。总任务要求：按下人机界面上的启动按钮，输送单元机械手抓取供料单元工件，送往装配单元装配，装配好的工件再送往分拣单元进行分拣。

根据实际安装与调试工作过程，本项目共设置了两个工作任务。通过完成这两个工作任务，使学生掌握自动化生产线系统机械安装、以太网控制系统组建，以及 S7-200 SMART CPU 与变频器 G120C 之间 USS 协议通信等相关知识点与技能点。

准备知识

一、S7-200 SMART 系列 PLC 的以太网通信方式

1. S7-200 SMART 系列 PLC 的以太网通信特性

S7-200 SMART CPU 的以太网接口是标准的 RJ45 口，可以自动检测全双工或半双工通信，具有 10Mbit/s 和 100Mbit/s 通信速率。通过基于 TCP/IP 的 S7 协议可以实现 S7-200 SMART CPU 与编程设备、人机界面（HMI）、上位机以及 S7-200 SMART CPU 之间的以太网通信。S7-200 SMART CPU 可同时支持的最大通信连接资源数如下。

1）1 个编程连接：用于与 STEP7-Micro/WIN SMART 软件的通信。

2）最多 8 个 HMI 连接：用于与 HMI 之间的通信。

3）最多 8 个 GET/PUT 主动连接：用于与其他 S7-200 SMART CPU 之间的 GET/PUT 主动连接。

4）最多 8 个 GET/PUT 被动连接：用于与其他 S7-200 SMART CPU 之间的 GET/PUT 被动连接。

2. 以太网网络组态示例

任务要求：两台 S7-200 SMART CPU、1 台工业交换机、1 台人机界面，要求进行以太网组网，完成如下功能：① 将 1 号站（主站）I2.5 的状态映射到 2 号站的 Q0.7；② 将 2 号站（从站）I1.3 的状态映射到 1 号站的 Q1.5；③ 将 HMI（连接在主站）上按钮的状态映射到 2 号站的 Q1.0。

（1）硬件系统的构成

1 号站 CPU1 选择 ST40 DC/DC/DC，2 号站 CPU2 选择 SR30 AC/DC/RLY，以太网交换机选择 ZRS108-D，人机界面选择 TPC7062Ti，通过网线组建以太网系统，系统结构如图 9-1 所示。此处，个人计算机仅用于创建及下载 PLC 程序与 MCGS 组态工程。CPU1 与 CPU2 的 I/O 接线从略。

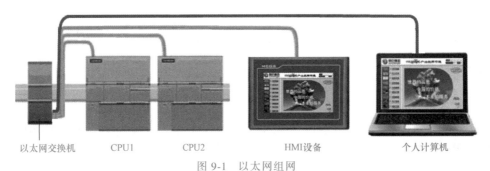

图 9-1　以太网组网

（2）分配 Internet 协议（IP）地址

CPU 中可以有静态或动态 IP 信息。静态 IP 信息：在"系统块"（System Block）对话框中组态 IP 信息。动态 IP 信息：在"通信"（Communications）对话框中组态 IP 信息，或在用户程序中组态 IP 信息。如果组态的是静态 IP 信息，必须将静态 IP 信息下载至 CPU，然后才能在 CPU 中激活。如果想更改 IP，只能在"系统块"对话框中更改，并将其再次下载至 CPU。无论是静态还是动态 IP，其信息均存储在永久性存储器中。

本示例选择静态 IP 组态，具体操作如下：

1）为编程设备分配 IP 地址，打开计算机"Internet 协议版本 4（TCP/IPv4）属性"对话框，为计算机分配 IP 地址：192.168.0.9，输入子网掩码：255.255.255.0，如图 9-2 所示，单击"确定"按钮返回。

2）为 PLC 分配 IP 地址：在 STEP 7-Micro WIN SMART 界面的项目树上双击"系统块"，设置 IP 地址，图 9-3 所示为 CPU1 的以太网端口设置：IP 地址为 192.168.0.1，子网掩码为 255.255.255.0，默认网关为 0.0.0.0，设置好后单击"确定"按钮返回。用同样的方法设置 CPU2 的 IP 地址为 192.168.0.5，子网掩码为 255.255.255.0，默认网关为

0.0.0.0。

（3）"GET/PUT 向导"组态

GET 和 PUT 指令适用于通过以太网进行的 S7-200 SMART CPU 之间的通信。利用 GET/PUT 向导组态，主站 CPU1 可以快速简单地配置复杂的网络读写指令操作，引导完成以下任务：指定所需要的网络操作数目、指定网络操作、分配 V 存储器、生成代码块。

1）指定所需要的网络操作数目。在项目树中打开"向导"文件夹，然后双击"GET/PUT"，打开"Get/Put向导"界面，单击右侧的"添加"按钮，添加操作如图 9-4 所示。

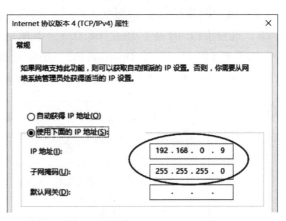

图 9-2　计算机以太网 IP 设置

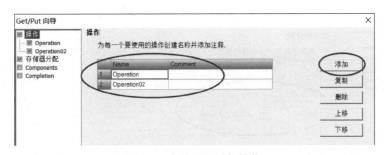

图 9-3　CPU1 的以太网端口设置

图 9-4　向导界面添加操作

2）指定网络操作。如图 9-5 所示，选中 Operation，类型选择"Put"（写操作），传送 1B，远程 CPU 的 IP：192.168.0.5，本地地址：VB1000，远程地址：VB1000。

如图 9-6 所示，选中 Operation02，类型选择"Get"（读操作），传送 1B，远程 CPU 的 IP：192.168.0.5，本地地址：VB1050，远程地址：VB1050。

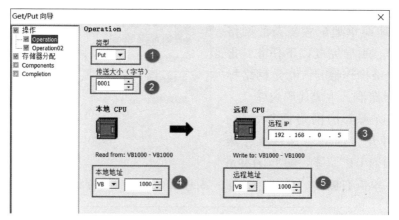

图 9-5　对 2 号站的网络写操作

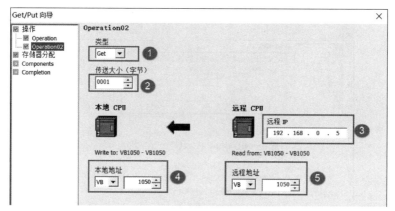

图 9-6　对 2 号站的网络读操作

3）分配 V 存储器。用户配置的每项网络操作都需要 16B 的 V 存储区，在"GET/PUT 向导"菜单中单击"存储器分配"，向导会自动建议一个起始地址，可以编辑该地址，但一般选择建议就好，如图 9-7 所示。

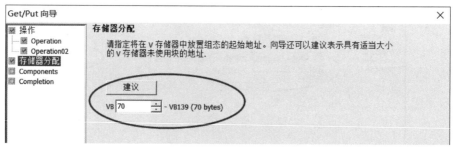

图 9-7　分配 V 存储器

4）生成代码块。在"GET/PUT 向导"菜单中单击"Components"（组件），根据向导生成子程序代码，如图 9-8 所示。单击"下一个"按钮，单击"生成"即完成向导组态。

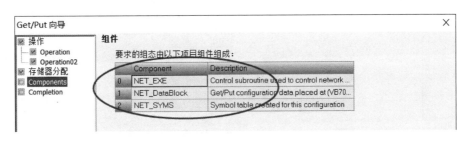

图 9-8　子程序代码

（4）组网程序的编写与下载

利用编程软件 STEP 7 Micro/WIN SMART 编写 1 号主站程序，如图 9-9 所示，2 号从站程序如图 9-10 所示。主站中主程序块须使用 SM0.0 对子程序"NET_ EXE"进行调用。子程序 NET_ EXE 各参数含义如下：

1）超时：设定通信的超时时限应为 1~32767s，若为 0，则不计时。

2）周期：输出开关量，所有网络读写操作每完成一次，切换状态。

3）错误：发生错误时报警输出。

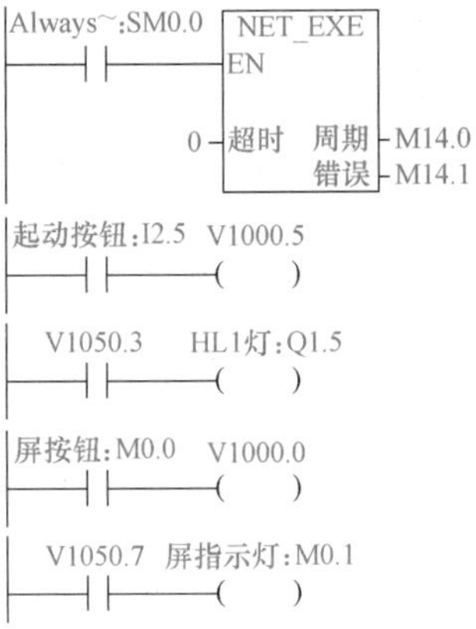

图 9-9　1 号主站程序

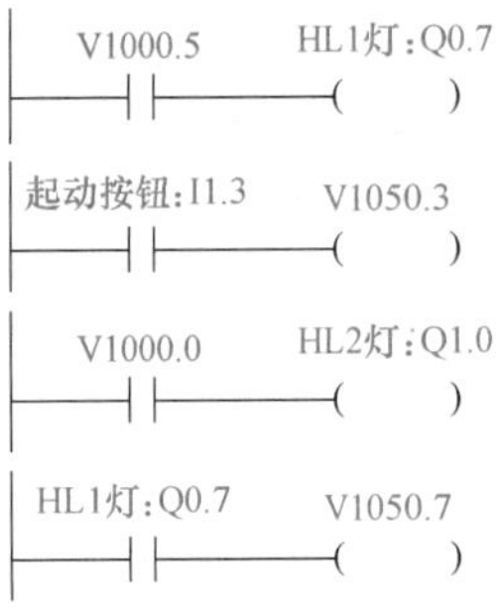

图 9-10　2 号从站程序

在项目树中双击"通信"节点，打开"通信"对话框，选择网络接口卡后，单击下方"查找 CPU"按钮，找到的两台 CPU 的 I/P 地址如图 9-11 所示。选择其中一个 IP 地址，单击右侧"闪烁指示灯"按钮，观察各 CPU 状态指示灯，正在闪烁的即为当前选中的 IP 地址所对应的 CPU。

选择主站编程界面，采用上述方法选中主站 CPU，单击 下载 按钮进行下载，如图 9-12 所示，下载时勾选"程序块""数据块""系统块"，然后单击"下载"按钮。从站同样如此处理。

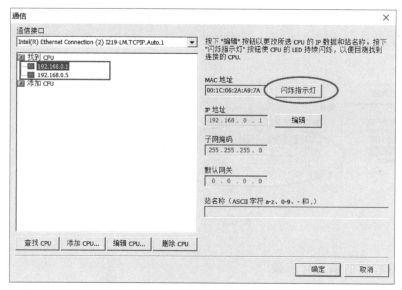

图 9-11　查找 CPU

图 9-12　查找 CPU

（5）人机界面组态

打开 MCGS 嵌入版组态软件，创建组态工程画面如图 9-13 所示，并定义好变量，将画面构件连接好所定义变量。

选择工作台窗口中的"设备窗口"标签，单击右侧"设备组态"按钮，在弹出的"设备组态：设备窗口"中打开"设备工具箱"，如图 9-14 所示

图 9-13　组态工程画面

图 9-14　设备组态：设备窗口

单击"设备管理"按钮,在弹出的"设备管理"窗口中选择"PLC→西门子→Smart200→西门子_ Smart200",单击"增加"按钮,增加到如图 9-15 所示窗口右侧,单击"确认"按钮返回。

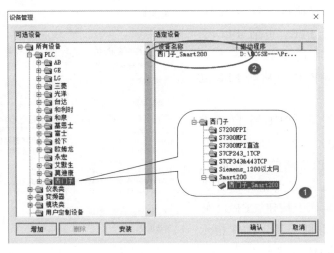

图 9-15 选定设备

然后在"设备工具箱"的"设备管理"窗口中双击"西门子_ Smart200",将其添加至组态画面右上角,如图 9-16 所示。

双击"设备 0--[西门子_ Smart200]",弹出"设备编辑窗口",删除原有默认的设置,如图 9-17 所示,然后新增通道并连接变量,完成后再设置左下方"本地 IP 地址"和"远端 IP 地址"。

图 9-16 添加设备

图 9-17 设备编辑窗口

最后进行工程下载,如图 9-18 所示。**注意**:"目标机名"须与图 9-17 所设置的"本地 IP 地址"一致。所以触摸屏开机时须修改 IP 地址，具体方法参考项目七。

（6）联网调试

将组态好的工程项目下载至 HMI，梯形图程序下载至 PLC，并置 PLC 于运行状态。此时通过交换机，主站 PLC 与 HMI、主站 PLC 与从站 PLC 之间互相交换信息。

调试过程：按下 CPU1 侧 I2.5 按钮，CPU2 侧的 Q0.7 指示灯点亮，松开即熄灭。按下 CPU2 侧的 I1.3 按钮，CPU1 侧的 Q1.5 指示灯点亮，松开即熄灭。按下 HMI 界面上按钮，CPU2 侧的 Q1.0 点亮，松开即熄灭。HMI 指示灯跟随 CPU2 侧的 Q1.0 状态。

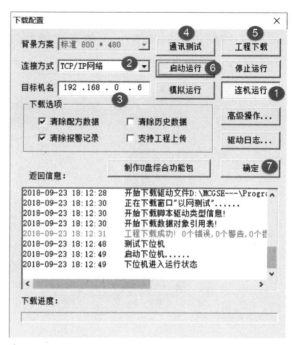

图 9-18　工程下载

二、S7-200 SMART 系列 PLC 与 G120C 变频器的 USS 协议通信

USS（Universal Serial Interface，通用串行接口）协议是西门子专为驱动装置开发的通用通信协议，它是一种基于串行总线进行数据通信的协议。USS 工作机制是由主站不断轮询各个从站，从站不会主动发送数据。

S7-200 SMART CPU 作为主站，可以通过 RS485 接口与西门子变频器进行 USS 通信，一个网络最多可以控制 31 个变频器，如图 9-19 所示。通过 USS 通信可以控制电动机的起停，进行速度调节，还可以读取或写入参数。

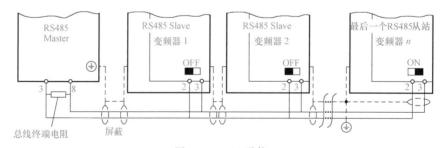

图 9-19　USS 通信

1. USS 通信指令

安装 STEP 7-Micro/WIN SMART 软件的同时会自动安装 USS 协议库。通过调用 USS 协议库指令，S7-200 SMART CPU 集成的 RS485 端口可以激活 USS 协议与西门子变频器进行通信。

（1）USS_ INIT 指令

变频器初始化指令 USS_ INIT 用来使能、初始化或禁止变频器通信，指令块格式及含义说明见表 9-1。可以使用 SM0.1 或者信号的上升/下降沿以脉冲方式打开"EN"输入。

表 9-1　USS_INIT 指令

LAD/FBD	输入/输出	含义	数据类型
	EN	"使能"输入端,输入"1",启动指令	BOOL
	Mode	用于选择通信协议: ① 输入 1 时,将端口分配给 USS 协议并启用该协议 ②输入 0 时,将端口分配给 PPI 协议并禁用 USS 协议	BYTE
	Baud	PLC 与变频器通信速率设定,可设为 1200bit/s、2400bit/s、4800bit/s、9600bit/s、19200bit/s、38400bit/s、57600bit/s 和 115200bit/s	DWORD
	Port	设置物理通信端口(0 = CPU 中集成的 RS485,1 = 可选 COM1 信号板上的 RS485 或 RS232)	BYTE
	Active	指示激活的变频器。有些变频器仅支持地址 0~30	DWORD
	Done	"使能"输出端,当 USS_INIT 指令被正确执行完成后,输出为"1"	BOOL
	Error	指令执行错误代码输出	BYTE

LAD/FBD 图示:
```
    USS_INIT
─┤EN

─┤Mode      Done├─

─┤Baud     Error├─

─┤Port

─┤Active
```

变频器站点号具体计算见表 9-2，D0~D31 代表 32 台变频器，表中将 D0 位置"1"，其 16 进制为 16#1，表示激活第 0 台变频器。如要激活第 18 台变频器，Active 端应为 16#00040000。

表 9-2　变频器站点号计算

第 31 台变频器	第 30 台变频器	…	第 3 台变频器	第 2 台变频器	第 1 台变频器	第 0 台变频器
D31	D30	…		D2	D1	D0
0	0	…		0	0	1

在 USS_ INIT 指令中，当 Done 位为 1 时，Error 初始化错误代码有效。USS 协议执行错误代码见表 9-3。

表 9-3　USS 协议执行错误代码表

错误代码	说　　明
0	无错误
1	变频器无应答
2	检测到来自变频器的应答中检验和错误
3	检测到来自变频器的应答中校验错误
4	用户程序的干扰导致错误
5	尝试非法命令
6	提供的变频器地址非法
7	未为 USS 协议设置通信端口
8	通信端口正在忙于处理指令
9	变频器速度输入超出范围
10	变频器应答长度不正确
11	变频器应答第一个字符不正确

（续）

错误代码	说　　明
12	变频器应答中的字符长度不受 USS 指令支持
13	错误的变频器应答
14	提供的 DB_Ptr 地址不正确
15	提供的参数编号不正确
16	选择的协议无效
17	USS 激活；不允许更改
18	指定了非法比特率
19	无通信：变频器未激活
20	变频器应答中的参数或数值不正确或包含错误代码
21	返回一个双字数值，而不是请求的字数值
22	返回一个字数值，而不是请求的双字数值

（2）USS_CTRL 指令

变频器控制指令 USS_ CTRL 用于控制处于激活状态的西门子变频器，每台变频器只能使用一条 USS_ CTRL 指令。指令块格式及含义说明见表 9-4。一般情况下，指令"EN"位的输入固定为"1"。

表 9-4　USS_CTRL 指令

LAD/FBD	输入/输出	含义	数据类型
	EN	"使能"输入端，输入"1"，允许执行指令	BOOL
	RUN	变频器运行控制端，输入"1"变频器运行，输入"0"变频器停止。RUN 为"1"时，OFF2 与 OFF3 必须设为 0，Fault 与 Inhibit 必须设为 0	BOOL
USS_CTRL	OFF2	RUN 断开时，用于命令变频器斜坡减速停止	BOOL
—EN	OFF3	RUN 断开时，用于命令变频器快速停止	BOOL
—RUN	F_ACK	故障应答位，用于应答变频器的故障。在变频器发生报警后如果故障已经清除，通过本信号从"0"变"1"复位变频器报警	BOOL
—OFF2	DIR	电动机转向控制信号	BOOL
—OFF3	Drive	变频器地址，有效地址为 0~31	BYTE
—F_ACK	Type	变频器类型，MM4×× 系列为"1"，MM3×× 系列为"0"	BYTE
—DIR	Speed_SP	以百分比的形式给出频率（速度）输入，允许范围为 −200%~200%。负值改变旋转方向	REAL
—Drive	Resp_R	应答响应输出端，本输出为"1"（1 个 PLC 循环周期），USS_CTRL 的输出状态被刷新	BOOL
—Type	Error	指令执行错误代码输出，错误代码同 USS_INIT 指令	BYTE
—Speed_SP	Status	变频器工作状态输出，与变频器参数 P2019 的设定有关	WORD
Resp_R—	Speed	以百分比形式给出的变频器实际输出频率，允许范围为 −200%~200%	REAL
Error—	Run_EN	变频器运行指示，"1"表示运行中，"0"表示停止	BOOL
Status—	D_Dir	变频器实际转向输出	BOOL
Speed—	Inhibit	指示变频器上"禁止"（Inhibit）位的状态，0 表示未禁止；1 表示已禁止	BOOL
Run_EN—	Fault	变频器故障输出，0 表示无故障，1 表示故障	BOOL
D_Dir—			
Inhibit—			
Fault—			

（3）USS_RPM 指令

参数读出指令 USS_RPM 用于读取变频器参数值。由于参数数据类型的不同，USS_RPM_X 指令共有 3 条，具体见表 9-5。

表 9-5 USS_ RPM 指令

名　称	含　义	格　式
USS_RPM_W	读取无符号字参数	U16 格式
USS_RPM_D	读取无符号双字参数	U32 格式
USS_RPM_R	读取实数（浮点数）参数	Float 格式

以 USS_RPM_W 为例，指令块格式及含义说明见表 9-6。

表 9-6 USS_RPM_W 指令

LAD/FBD	输入/输出	含　义	数据类型
	EN	"使能"输入端，输入"1"，允许执行变频器参数读出指令	BOOL
	XMT_REQ	参数读出请求，应通过边沿检测元素以脉冲方式接通	BOOL
USS_RPM_W EN XMT_REQ Drive　　Done Param　　Error Index　　Value DB Ptr	Drive	变频器地址，有效地址为 0～31	BYTE
	Param	变频器参数编号	WORD
	Index	变频器参数下标号	WORD
	DB_Ptr	用于参数传送的 16 位缓存存储器地址	DWORD
	Done	"使能"输出端。指令被正确执行完成后，输出为"1"	BOOL
	Error	指令执行错误代码输出，错误代码同 USS_INIT 指令	BYTE
	Value	返回的变频器参数值。"Done"接通前，该值输出无效	WORD、DWORD、REAL

（4）USS_WPM 指令

参数写入指令 USS_WPM_X 用于写入变频器的参数值。由于参数数据类型的不同，USS_ WPM_ X 指令也有 3 条，具体见表 9-7。

表 9-7 USS_WPM 指令

名　称	含　义	格　式
USS_WPM_W	写入无符号字参数	U16 格式
USS_WPM_D	写入无符号双字参数	U32 格式
USS_WPM_R	写入实数（浮点数）参数	Float 格式

以 USS_WPM_W 为例，指令块格式及含义说明见表 9-8。

2. 使用 USS 协议指令的步骤

要在 S7-200 SMART PLC 程序中使用 USS 协议指令，应按以下步骤操作。

1）在程序中插入 USS_ INIT 指令，并仅执行 USS_ INIT 指令一个扫描周期。可以使用 USS_ INIT 指令初始化或更改 USS 协议通信参数。插入 USS_ INIT 指令时，会在程序中自动添加若干隐藏的子程序和中断程序。

表 9-8　USS_WPM_W 指令

LAD/FBD	输入/输出	含义	数据类型
USS_WPM_W EN XMT_REQ EEPROM Drive　　Done Param　　Error Index Value DB Ptr	EN	"使能"输入端,输入"1",允许执行变频器参数写入指令	
	XMT_REQ	参数写入请求,应通过边沿检测元素以脉冲方式接通	
	EEPROM	为"1"时,写入到变频器的 RAM 与 EEPROM 中,为"0"时,只写入 RAM 中	
	Drive	变频器地址,有效地址为 0~31	
	Param	变频器参数编号	
	Index	变频器参数下标号	
	Value	要写入变频器的参数值	
	DB_Ptr	用于参数传送的 16 位缓冲存储器地址	
	Done	"使能"输出端。指令被正确执行完成后,输出为"1"	
	Error	指令执行错误代码输出,错误代码同 USS_INIT 指令	

2）只能在程序中为每台激活变频器放置一条 USS_CTRL 指令。可以根据需要增加任意数量的 USS_RPM_X 和 USS_WPM_X 指令，但某一时间只能有一条指令处于激活状态。

3）USS 指令库存储器需占用 402B 的 V 存储区，用于库存储器地址分配。该库存储器分配的地址不能与 USS_RPM_X 指令或 USS_WPM_X 指令的 DP_Ptr 指向的 V 存储器的地址重叠，也不能与其他程序使用的地址重叠。

可在"文件"菜单功能区的"库"区域中单击"存储器"按钮，指定 USS 库所需的 V 存储器的起始地址。也可在项目树中右击"程序块"节点，从中选择"库存储器"。

4）组态变频器参数，使之与程序中使用的比特率和地址相匹配。

5）用通信电缆连接 S7-200 SMART CPU 与变频器。确保与变频器连接的所有控制设备（如 S7-200 SMART CPU）均用短粗电缆连接到变频器使用的接地点或星点。

3. S7-200 SMART PLC 与 G120C 变频器的 USS 协议通信实例

S7-200 SMART PLC 与 G120C 变频器之间采用 USS 协议通信，实现对变频器的运行控制以及参数读写。具体要求：①旋合开关 I1.2，变频器起动并以设定的频率百分比运行；②每隔 0.3s 读取参数 r0024 的数值，以监视变频器实际输出频率；③在 I1.5 的上升沿写入变频器运行的斜坡上升时间（P1120＝3.0s）。

已知三相异步电动机额定功率为 25W，额定转速为 1300r/min，额定电压为 380V，额定电流为 0.18A，额定频率为 50Hz。

（1）硬件接线

采用屏蔽双绞线将 G120C 变频器的现场总线通信端子 P+（2）、N-（3）分别接至 S7-200 SMART PLC 的 RS485 通信端口的 3 脚与 8 脚，如图 9-20 所示。由于距离较近，可不接图 9-19 中所示的终端电阻。

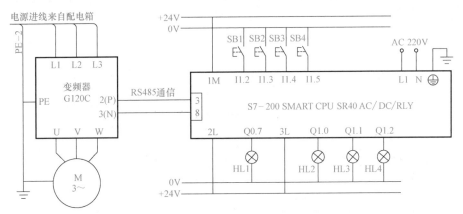

图 9-20　硬件接线原理图

　　其中，S7-200 SMART CPU 上的通信端口是符合欧洲标准 EN 50170 中 PROFIBUS 标准的 RS485 兼容 9 针 D 形连接器。表 9-9 列出了为通信端口提供物理连接的连接器，并描述了通信端口的引脚分配。

表 9-9　SMART 200 CPU 集成 RS485 端口的引脚分配

连接器	引脚	信号	引脚定义
	1	屏蔽	机壳接地
	2	24V 返回	逻辑公共端
	3	RS485 信号 B	RS485 信号 B
	4	发送请求	RTS（TTL）
	5	5V 返回	逻辑公共端
	6	+5V	+5V,100Ω 串联电阻
	7	+24V	+24V
	8	RS485 信号 A	RS485 信号 A
	9	不适用	10 位协议选择（输入）
	连接器外壳	屏蔽	机壳接地

（2）变频器参数设置

西门子 G120C 变频器参数设置见表 9-10。

表 9-10　参数设置表

序号	变频器参数	设定值	功能说明
1	P0010	30	变频器复位
2	P0970	1	
3	P0010	1	快速调试
4	P0015	21	USS 宏连接
5	P0300	1	设置为异步电动机
6	P0304	380	电动机额定电压，单位为 V

（续）

序号	变频器参数	设定值	功能说明
7	P0305	0.18	电动机额定电流,单位为 A
8	P0307	0.03	电动机额定功率,单位为 kW
9	P0310	50	电动机额定频率,单位为 Hz
10	P0311	1300	电动机额定转速,单位为 r/min
11	P1120	0.1	加速时间,单位为 s
12	P1121	0.1	减速时间,单位为 s
13	P1900	0	电动机数据检查
14	P2030	1	现场总线协议选择 USS
15	P2020	6	现场总线比特率(可选)
16	P2021	0	USS 地址(在地址拨码开关都为 OFF 时才有效)
17	P2022	2	USS 通信 PZD 长度
18	P2023	127	USS 通信 PKW 长度
19	P2040	0	过程数据监控时间:指没有收到过程数据时发出报警的延时。注意:必须根据从站数量、总线比特率加以调整,出厂设置为 100ms。P2040 为 0,监控已断开
20	P2000	1500.00	基准转速,单位为 r/min
21	P0010	0	电动机就绪

注意: 地址的改变需要重新上电才能生效。

（3）PLC 程序编写

利用编程软件 STEP 7-Micro/WIN SMART 编写梯形图程序，见表 9-11。

表 9-11 程序梯形图

编程步骤	梯 形 图
①每隔 0.3s 产生一个脉冲。利用此脉冲上升沿发出参数读出请求。 变频器未运行时或参数读出指令未使能时,送 0.0 给 VD1060;当变频器运行且执行参数读出指令正确后,读出结果送 VD1060	

（续）

编程步骤	梯 形 图
②变频器初始化指令：USS 协议选 CPU 集成的 RS485 通信口，比特率为 9600bit/s，激活第 0 台变频器。正确执行完后 Q0.7 为 1	
③按下 I1.2 时，当 M1.5 \ M1.6 \ V100.3 为 0 时，变频器以 VD52 中指定的频率百分比运行。变频器运行时，Q1.0 为 1　注意：a）实际运行频率＝P2000 中基准频率×VD52 设定百分比　b）VD52 存浮点数，百分比输入应为小数　c）若出现变频器报警，故障解除后，可按 I1.3 对变频器故障复位	
④按下 I1.4 时，每隔 0.3s,T37 接通一次，利用其上升沿触发参数读出请求。参数读出结果暂存 VD72 中。正确执行完后 V100.5 为 1	
⑤按下 I1.5 时，利用其上升沿把 Value 处输入的 "3.0" 写入参数 P1120 中。正确执行完后 Q1.2 为 1	

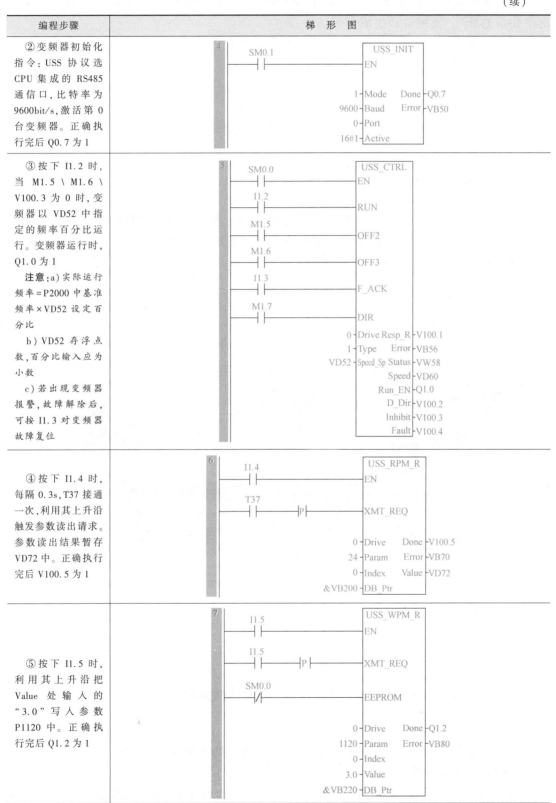

程序编辑完成后，在编译前需要给 USS 指令库指定 402B 的全局 V 存储器，一般单击"建议地址"，使用自动生成即可。

注意： 不要带电插拔 USS 通信电缆，尤其是正在通信过程中，否则极易损坏变频器和 PLC 的通信端口。即使断电后，也要等几分钟，让电容充分放电后，再去插拔通信电缆。

任务一　自动化生产线的安装与调整

一、工作任务

YL-335B 型自动化生产线的布局如图 9-21 所示。各工作单元的机械安装、气路连接及调整、电气接线等的工作步骤和注意事项在前面各单元项目中已经叙述，本任务从整体的角度来完成设备的安装定位与调整。

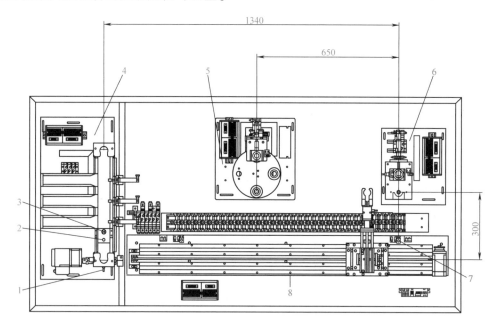

图 9-21　自动化生产线布局图

1、2—光纤传感器　3—电感式传感器　4—分拣单元　5—装配单元Ⅱ　6—供料单元

7—原点开关　8—输送单元

二、YL-335B 型自动化生产线的安装及调整

1. 各工作单元装置侧在工作台面的安装与定位

在各工作单元单站安装的基础上，整体安装需要解决的任务主要是各工作单元在工作台上的准确定位问题。

1）供料单元、装配单元Ⅱ物料台中心位置沿工作台 T 形槽方向的定位是以输送单元原点开关中心线为基准的。所以，整体安装首先要考虑的是输送单元在工作台上的定位与安装。

2）其余工作单元定位前务必在相应T形槽预置数量足够的紧定螺母。供料单元和装配单元Ⅱ在垂直T形槽方向的定位，应以输送单元机械手在伸出状态时能顺利在它们的物料台上抓取和放下工件为准（与直线导轨中心线距离为300mm）。分拣单元在垂直T形槽方向的定位，则应使其传送带上进料口中心点在输送单元直线导轨的中心线上。

3）要定位某工作单元，在大体找好位置后，将其放置在工作台上，调整固定该单元的紧定螺母的位置，然后用紧定螺栓穿过安装孔旋入螺母中（注意不要旋紧）；接着即可沿T形槽方向准确定位。

2. 注意事项

1）安装工作完成后，必须进行必要的检查、局部试验等工作，例如，用手动移动的方法检查直线运动机构的安装质量，用变频器面板操作方式测试分拣单元传送机构的安装质量等，以确保及时发现问题。在投入运行前，应清理工作台上残留的线头、管线、工具等，养成良好的职业素养。

2）各从站的工作单元在工作台上定位以后，紧定螺栓暂不要完全紧固，可在完成电气接线以及伺服驱动器有关参数设置后，编制一个简单的输送单元测试程序，运行此测试程序检查各工作单元的定位是否满足任务书的要求，并进行适当的微调，最后才将紧定螺栓完全紧固。

任务二　系统联机运行的人机界面组态和 PLC 编程

在现代工业自动化生产体系中，以太网正以其高效的优势逐步进入工业控制领域，形成新型的以太网控制自动化系统。本任务主要考虑：将触摸屏、计算机、各工作站PLC通过网线连接至交换机，基于以太网构建新型 YL-335B 型自动化生产线系统，如图9-22所示。此处，计算机仅用于梯形图与 MCGS 组态工程的创建及下载。

任务要求：1）人机界面提供系统启停及复位等主令信号，能显示各单元联机/就绪等工作状态，能设置变频器运行频率，并实时显示输出频率。2）装配单元采用装配单元Ⅱ。3）分拣单元变频器 G120C 与 CPU SR40 采用 USS 协议通信。

其中，人机界面组态要求具体见表9-12，用户窗口包括首页界面和联机运行界面两个窗口，其中首页界面是启动界面。

一、以太网系统构建

1. 系统 IP 地址分配

修改个人计算机 IP 地址为 192.168.0.9，然后设置各工作单元 CPU 的 IP 地址。输送单元（主站）IP 地址设置为 192.168.0.1。供料单元 IP 地址设置为 192.168.0.2。装配单元 IP 地址设置为 192.168.0.3。分拣单元 IP 地址设置为 192.168.0.5。触摸屏 IP 地

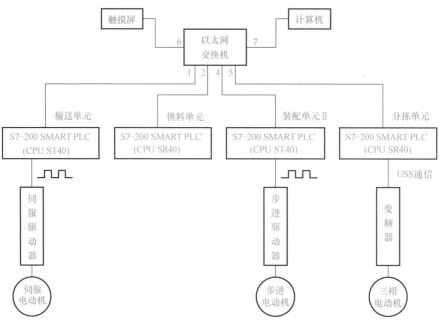

图 9-22 基于以太网的 YL-335B 型自动化生产线系统

表 9-12 人机界面的组态要求

组态要求	组态图示
首页界面： ① 装载 YL-335B 型自动化生产线的位图文件 ② 触摸屏上电后,屏幕上方的标题文字向左循环移动 ③ 单击首页界面,切换至联机运行界面	欢迎使用YL-335B型自动化生产线实训考核装备 
运行界面： ① 提供系统启动/停止/复位的主令信号 ② 在界面上设定变频器运行频率百分比(25.0%~40.0%,小数) ③ 在界面上动态显示输送单元抓取机械手装置的当前位置(显示精度为 0.01mm)。 ④ 指示网络的运行状态(正常、故障) ⑤ 指示各工作单元的工作模式、是否就绪、运行/停止及故障状态 ⑥ 指示分拣单元三出料滑槽成品分拣数量	

址设置为 192.168.0.6。子网掩码均为 255.255.255.0，默认网关均为 0.0.0.0。**注意：**个人计算机、各工作站以及 HMI 的 IP 应设置在同一网段。

2. 网络读写数据规划

根据系统工作要求、信息交换量等预先规划好主站发送和接收数据的有关信息，具体见表 9-13。主站向供料单元、装配单元Ⅱ、分拣单元发送的数据均为 4 个字（PUT 8B）。主站接收来自供料单元、装配单元Ⅱ的数据为 5 个字（GET 10B），接收来自分拣单元的数据为 8 个字（GET 16B）。4#站留做扩展加工单元用。

表 9-13　网络读写数据规划实例

	输送单元	供料单元	装配单元Ⅱ	分拣单元
	1#站（主站）	2#站（从站）	3#站（从站）	5#站（从站）
PUT	VB1000 ~ VB1007	VB1000 ~ VB1007	VB1000 ~ VB1007	VB1000 ~ VB1007
GET	VB1020 ~ VB1029	VB1020 ~ VB1029		
	VB1030 ~ VB1039		VB1030 ~ VB1039	
	VB1050 ~ VB1065			VB1050 ~ VB1065

3. GET/PUT 向导组态

在 STEP 7-Micro/WIN SMART 项目树中双击"向导"中的"GET/PUT"，就会出现"Get/Put 向导"界面，可根据向导指引逐步完成组态过程，具体见表 9-14。

表 9-14　Get/Put 向导组态通信网络

组态步骤及说明	图　　示
步骤 1：添加 GET/PUT 网络读写操作 6 项	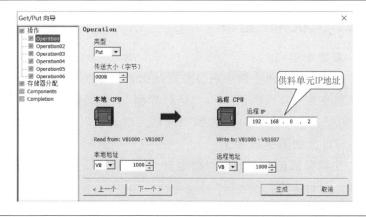
步骤 2：Operation 配置本地 CPU（输送单元）向远程 CPU（供料单元）网络写操作（PUT） ① 主站 VB1000 ~ VB1007 数据写入供料单元 VB1000 ~ VB1007 ② Operation2、Operation3：写装配单元与分拣单元，配置类似，只有远程 IP 不一样 ③ 每完成一项设置，单击"下一个"按钮	

（续）

组态步骤及说明	图　　示
步骤3：Operation04配置本地CPU（输送单元）从远程CPU（供料单元）网络读操作（GET） ①主站VB1020~VB1029从供料单元VB1020~VB1029读数据 ②Operation05与Operation06：读装配单元与分拣单元，配置类似，只有读出字节与远程IP不一样	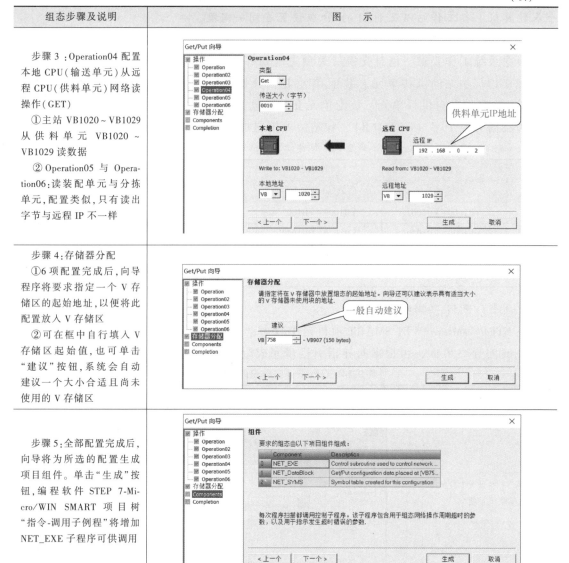
步骤4：存储器分配 ①6项配置完成后，向导程序将要求指定一个V存储区的起始地址，以便将此配置放入V存储区 ②可在框中自行填入V存储区起始值，也可单击"建议"按钮，系统会自动建议一个大小合适且尚未使用的V存储区	
步骤5：全部配置完成后，向导将为所选的配置生成项目组件。单击"生成"按钮，编程软件STEP 7-Micro/WIN SMART项目树"指令-调用子例程"将增加NET_EXE子程序可供调用	

二、人机界面组态

1. 新建窗口

组态时，首先建立两个窗口，默认名称分别为"窗口0"和"窗口1"，将两个窗口名称分别改为"首页界面"和"运行界面"。然后选中"首页界面"，右击"首页界面"图标，在弹出的下拉菜单中选择"设置为启动窗口"命令，将该窗口设置为运行时自动加载的窗口，如图9-23所示。

2. 工程画面组态与数据对象定义

（1）运行界面

以供料单元组态为例，其画面如图9-24所示，须有各构件名称，表示该站的工作模式，是否就绪，运行、料不足及缺料状态的指示灯。这些指示状态为 ON 时指示灯点亮（绿色），状态为 OFF 时，指示灯熄灭（白色）。"料不足"和"缺料"两指示灯报警时还有闪烁的要求。下面通过组态供料单元"缺料"指示灯介绍一种构件绘制并连接定义数据对象的新方法。

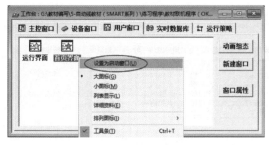

图 9-23　设置启动窗口

图 9-24　供料单元运行界面

1）闪烁指示灯。单击工具箱中的"插入元件"按钮，在弹出的对象元件库指示灯组别里选择指示灯 6，单击确定按钮返回。双击该指示灯，打开"单元属性设置"对话框，如图 9-25 所示。在"数据对象"标签页里单击右侧"？"按钮，弹出"变量选择"对话框，如图 9-26 所示，在"选择变量"处输入"缺料_供料"变量，单击"确认"按钮返回。

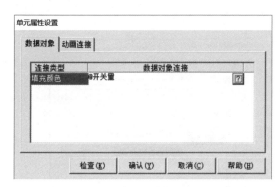

图 9-25　"单元属性设置"界面

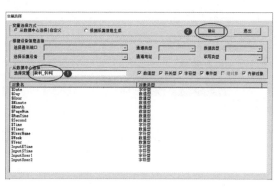

图 9-26　输入变量名称

在图 9-27 所示对话框中单击"确认"按钮，由于数据对象"缺料_供料"尚未在实时数据库中定义，将会弹出图 9-28 所示的组态错误报警对话框。

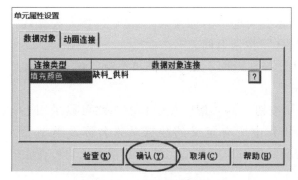

图 9-27　变量连接确认

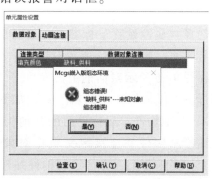

图 9-28　组态错误报警对话框

在图 9-28 中单击"是（Y）"按钮后，会弹出图 9-29 所示"数据对象属性设置"对话框，在"基本属性"标签页，"对象类型"选择"开关"，单击"确认"按钮返回。此时，若查看实时数据库，则可看到刚定义的数据对象"供料_缺料"已存在于数据库中，如图 9-30 所示。

图 9-29　数据对象属性设置

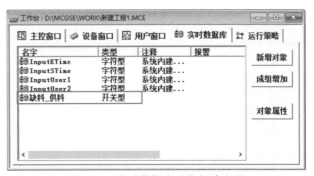

图 9-30　实时数据库查询新建变量

返回运行界面，双击该指示灯构件，在弹出的"单元属性设置"对话框中选择"动画连接"标签页，如图 9-31 所示，单击右侧的 ，弹出"标签动画组态属性设置"对话框，如图 9-32 所示。在"填充颜色"标签页，分段点"0"选择"白色"，分段点"1"选择"绿色"。

图 9-31　动画连接

图 9-32　填充颜色选择

选择"属性设置"标签页，如图 9-33 所示，勾选"闪烁效果"，然后选择"闪烁效果"标签页，按图 9-34 所示设置，单击"确认"按钮返回。

在图 9-35 所示对话框中再次单击"确认"按钮返回。在"动画组态窗口 0"中的按钮图形下方添加标签"缺料"后，如图 9-36 所示。

2）其他构件。运行界面的其他构件，如按钮、输入框、显示标签，均可以采用上述方法绘制构件并连接定义数据对象。本任务中所有定义的数据对象名称及类型见表 9-15。当采用上述方法绘制构件并连接定义数据对象完毕后，这些数据对象均可在实时数据库中查看到。

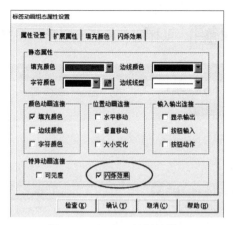

图 9-33　勾选"闪烁效果"

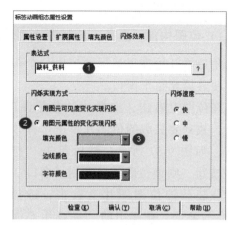

图 9-34　闪烁效果设置

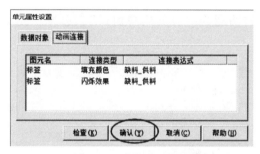

图 9-35　确认动画连接

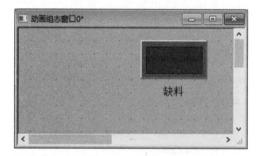

图 9-36　添加标签

表 9-15　人机界面实时数据库的数据对象

序号	对象名称	类型	序号	对象名称	类型
1	联机_供料	开关型	17	料不足_装配	开关型
2	联机_装配	开关型	18	缺料_供料	开关型
3	联机_分拣	开关型	19	缺料_装配	开关型
4	联机_输送	开关型	20	急停_输送	开关型
5	联机_全线	开关型	21	越程_输送	开关型
6	就绪_供料	开关型	22	缺料暂停	开关型
7	就绪_装配	开关型	23	网络故障	开关型
8	就绪_分拣	开关型	24	系统复位	开关型
9	就绪_输送	开关型	25	系统启动	开关型
10	就绪_全线	开关型	26	系统停止	开关型
11	运行_供料	开关型	27	设定频率	数值型
12	运行_装配	开关型	28	输出频率	数值型
13	运行_分拣	开关型	29	位置_输送	数值型
14	运行_输送	开关型	30	金色白芯个数	数值型
15	运行_全线	开关型	31	白色黑芯个数	数值型
16	料不足_供料	开关型	32	黑色金芯个数	数值型

（2）首页界面

1）位图构件。选择工具箱内的"位图"按钮，鼠标的光标呈十字形，在窗口

左上角位置开始拖曳鼠标，拉出一个矩形，使其填充整个窗口。

在位图上右击，选择"装载位图"命令，找到要装载的位图并单击选择该位图，如图 9-37 所示，然后单击"打开"按钮，则该位图就装载到了窗口。

在装载的位图图片上右击，选择"属性"命令，在弹出的"动画组态属性设置"对话框中的"属性设置"标签页中勾选"按钮动作"，如图 9-38 所示。单击"按钮动作"标签页，勾选按钮对应的功能为"打开用户窗口"，选择"运行界面"，如图 9-39 所示。

图 9-37　查找要装载的位图

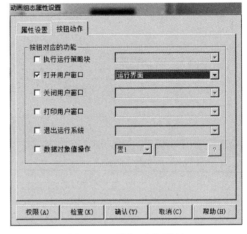

图 9-38　动画组态属性设置　　　　图 9-39　按钮功能设置

2）循环移动的文字。选择工具箱内的"标签"按钮 **A**，将其拖曳到窗口上方中心位置，根据需要拉出一个大小适合的矩形。在鼠标光标闪烁位置输入文字"欢迎使用 YL-335B 型自动化生产线实训考核装备!"，按回车键或在窗口任意其他位置用鼠标单击，完成文字输入。

双击该文字标签，静态属性设置如下：文字框的背景颜色选择"没有填充"，文字框的边线颜色选择"没有边线"，字符颜色选择"艳粉色"，文字字体选择"华文细黑"，字型选择"粗体"，大小选择"二号"。

为了使文字循环移动，在"位置动画连接"中勾选"水平移动"，这时在对话框上端便增添了"水平移动"标签。水平移动标签页的设置如图 9-40 所示。

设置说明如下：

1）为了实现"水平移动"动画连接，首先要确定对应连接对象的表达式，然后再定义表达式的值所对应的移动偏移量。在图 9-40 中，定义一个内部数据对象"移动"作为表达式，它是一个与要移动的文字对象位置偏移量成比例的增量值，当表达式"移动"的值每次增量为 0 时，文字对象从当前位置向右移动 0 点（即不动），当表达式"移动"的值每次增量为 1 时，文字对象从当前位置向右移动 –5 点（即向左移动 5 点），这就是说，"移动"变量与文字对象的位移是斜率为 –5 的线性关系。

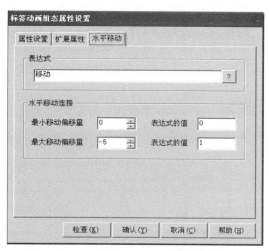

图 9-40　设置"水平移动"属性

2）触摸屏位置定义：TPC7062Ti 的分辨率是 800×480，以左上角为坐标原点（0，0），向右为正方向，右下角坐标原点为（800，480），单位为像素点。如图 9-41 与图 9-42 所示，文字串"欢迎使用 YL-335B 型自动化生产线实训考核装备！"左侧 A 处 70 像素，右侧 B 处 700 像素。如图 9-43 所示，文字串若从当前位置向左全部移出，偏移量为 –700 像素，若每次移动 –5，则表达式"移动"的最大正值为 +140（–700/–5）；

图 9-41　文字串左侧 A 位置坐标

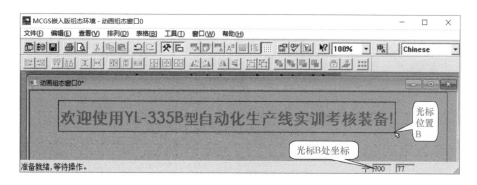

图 9-42　文字串右侧 B 位置坐标

文字若从当前位置向右全部移出，偏移量为+730像素，若每次移动-5，则表达式"移动"的最大负值为-146(+730/-5)。

文字循环移动的策略：如果文字串向左全部移出后，则返回+730坐标重新向左移动，每次向右移动-5（即向左移动5）。

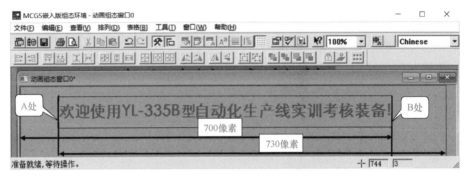

图9-43　向左及向右移出的偏移量

组态"循环策略"的具体操作如下：

① 在"运行策略"中双击"循环策略"进入策略组态窗口。

② 双击进入"策略属性设置"，将循环时间设为100ms，单击"确认"按钮返回。

③ 在策略组态窗口中单击工具条中的"新增策略行"图标（或右击选择），增加一策略行，如图9-44所示。

图9-44　新增策略行

④ 单击"策略工具箱"中的"脚本程序"，将鼠标光标移到策略块图标上单击添加脚本程序构件，如图9-45所示。

图9-45　添加脚本程序

⑤ 双击进入策略条件设置，表达式中输入1，即始终满足条件。

⑥ 双击进入脚本程序编辑环境，输入下面的程序：

```
if 移动 <= 140 then
        移动 = 移动 + 1
else
        移动 = -146
endif
```

⑦ 单击"确认"按钮，脚本程序编写完毕。

3. 设备组态与通道连接

在工作台"设备管理"窗口中进行设备组态，具体方法与准备知识中的组态示例相同。在"设备编辑窗口"中按表 9-16，新增通道并连接好所有变量，然后按图 9-46 所示设置"本地 IP 地址"和"远端 IP 地址"。

表 9-16　数据对象与 PLC 内部变量的连接

序号	对象名称	通道名称	读写方式	序号	对象名称	通道名称	读写方式
1	联机_供料	V1020.0	只读	17	料不足_装配	V1030.3	只读
2	联机_装配	V1030.0	只读	18	缺料_供料	V1020.4	只读
3	联机_分拣	V1050.0	只读	19	缺料_装配	V1030.4	只读
4	联机_输送	M3.0	只读	20	急停_输送	M2.6	只读
5	联机_全线	M7.1	只读	21	越程_输送	M2.5	只读
6	就绪_供料	V1020.1	只读	22	缺料暂停	M7.4	只读
7	就绪_装配	V1030.1	只读	23	网络故障	M15.1	只读
8	就绪_分拣	V1050.1	只读	24	系统复位	M6.0	只写
9	就绪_输送	M2.0	只读	25	系统启动	M6.1	只写
10	就绪_全线	M7.2	只读	26	系统停止	M6.2	只写
11	运行_供料	V1020.2	只读	27	设定频率	VD1006	只写
12	运行_装配	V1030.2	只读	28	输出频率	VD1060	只读
13	运行_分拣	V1050.2	只读	29	位置_输送	VD1002	读写
14	运行_输送	M1.0	只读	30	金色白芯个数	VW1054	读写
15	运行_全线	M7.3	只读	31	白色黑芯个数	VW1056	读写
16	料不足_供料	V1020.3	只读	32	黑色金芯个数	VW1058	读写

注意：通道 VD1006 与 VD1060 数据类型为 32 位浮点数。

图 9-46　新增通道并连接变量

三、PLC 控制程序的编写

1. GET/PUT 网络的数据规划

YL-335B 型自动化生产线是一个分布式控制系统，在设计它的整体控制程序时，应首先从它的系统性着手，通过组建网络，规划通信数据，使系统组织起来。整机系统数据规划见表 9-17。

表 9-17　整机系统数据规划

数据意义	供料单元	装配单元	分拣单元	输送单元	全线数据
联机信号	V1020.0	V1030.0	V1050.0	M3.0	M7.1
就绪信号	V1020.1	V1030.1	V1050.1	M2.0	M7.2
运行信号	V1020.2	V1030.2	V1050.2	M1.0	M7.3
料不足信号	V1020.3	V1030.3			
缺料信号	V1020.4	V1030.4			
复位信号				M6.0	V1000.0
启动信号				M6.1	V1000.1
停止信号				M6.2	
请求供料					V1001.1
供料完毕	V1021.0				
请求装配					V1001.2
装配完毕		V1031.0			
请求分拣					V1001.3
分拣完毕			V1051.0		
缺料暂停					M7.4
网络故障					M15.1
手爪位置					VD1002
设定频率					VD1006
输出频率		VD1060			
金色白芯个数			VW1054		
白色黑芯个数			VW1056		
黑色金芯个数			VW1058		

2. 主站控制程序的编写

输送单元是 YL-335B 型自动化生产线中最重要，同时也是承担较繁重任务的工作单元。在联机运行情况下，其工艺控制过程与单站程序相差不大。在单站基础上，输送单元作为主站，联机须着重考虑：①与人机界面的信息交换问题，须接收来自触摸屏的主令信号，同时把整机系统状态信息反馈到触摸屏；②与各从站进行网络信息交换。整机系统启/停及复位控制编程步骤见表 9-18。

表9-18 整机系统启停及复位控制编程步骤

编程步骤	梯 形 图
① 网 络 子 程 序 调用	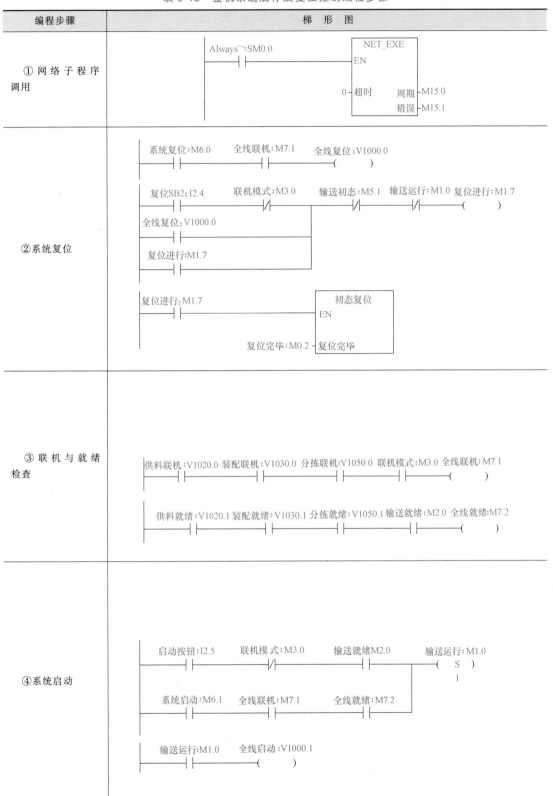
② 系统复位	
③ 联 机 与 就 绪 检查	
④ 系统启动	

（续）

编程步骤	梯 形 图
⑤系统运行	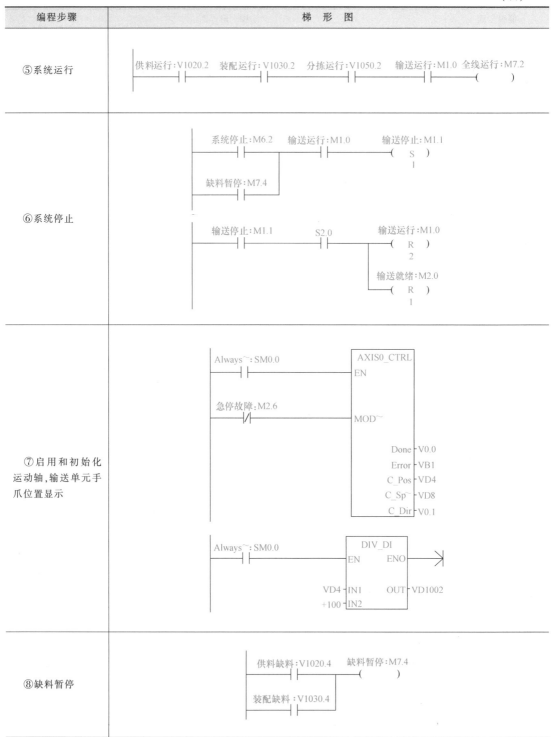
⑥系统停止	
⑦启用和初始化运动轴，输送单元手爪位置显示	
⑧缺料暂停	

3. 从站控制程序的编写

从站控制程序的编写以供料单元为例，启停部分编程步骤见表9-19。

表 9-19　从站启停部分编程步骤

编程步骤	梯　形　图
①供料单元联机、就绪	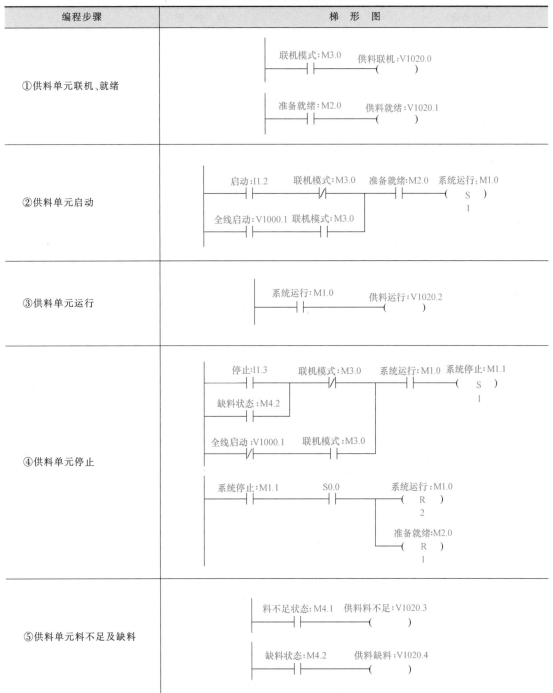
②供料单元启动	
③供料单元运行	
④供料单元停止	
⑤供料单元料不足及缺料	

4. 主从站工艺控制信息交换

以输送单元（主站）与供料单元（从站）通信为例，主/从站工艺过程控制信息交换见表 9-20。主站与装配单元Ⅱ、分拣单元信息交换类似，不做赘述。此外，分拣单元频率设定与显示的编程要点可参见前述的 USS 协议通信实例。

表 9-20　输送单元与供料单元工艺过程控制信息交换

编程步骤	梯 形 图
①主站请求供料，发出供料请求 V1001.1 信号 当接收到从站发来的供料完毕信号 V1021.0 后，开始继续向装配单元运行	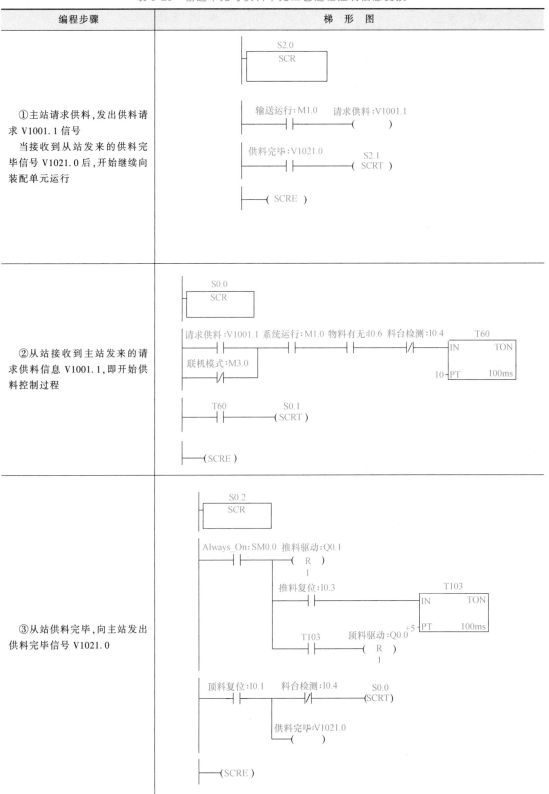
②从站接收到主站发来的请求供料信息 V1001.1，即开始供料控制过程	
③从站供料完毕，向主站发出供料完毕信号 V1021.0	

四、系统调试

由于篇幅所限，本教材只给出部分程序的编程步骤，其余程序的编写以及人机界面的制作请读者自行尝试。

系统上电前：须将触摸屏、计算机、各工作站PLC通过网线全部连接至交换机。系统调试前：①分拣单元变频器参数按表9-10设置好，另需设置电动机转动惯量P0341＝0.00001，最大转速P1082＝1500；②PLC程序编写好后，编译并下载到各自PLC；③MCGS工程组态好后，下载至人机界面。系统调试时：①每个站点旋钮开关打到联机状态（右侧）。②系统启动前先执行复位，待整机系统就绪后才能启动。③系统启动后，输送单元即到供料单元抓料，并送到装配单元装配，然后把装配好的工件送往分拣单元进行成品分拣，最后返回原点。

注意：PLC程序下载及监控，触摸屏连接PLC运行，都使用了输送单元PLC的同一个IP端口。因此，两项工作不能同时进行，否则会引起IP端口冲突。正常运行时，触摸屏是连接PLC运行的，若想修改下载PLC程序或使用PLC程序状态监控功能，则须关闭触摸屏电源约40s后才能进行。同理，若想触摸屏连接PLC正常通信运行，个人计算机要断开与输送PLC的连接，确保不占用输送IP端口，稍后才行。

项目测评

项目测评9

小结与思考

1. 小结

自动化生产线整机运行的特点是各工作单元工作的相互协调性。确保协调性的关键在于正确地进行网络信息交换。

1）必须细致地分析生产线的工作任务，规划好必要的网络变量。

2）必须仔细地分析各工作单元的工艺过程，确定相关的网络变量应当在何时接通（或被置位）、何时断开（或被复位）。

2. 思考题

1）若供料单元与输送单元合用一个PLC，该如何编写程序？

2）若更换分拣单元为主站，该如何进行网络数据规划以及整机系统程序编写？

科技文献阅读

The system composition of YL-335B Automatic Production Line based on Ethernet is shown in the following figure. Touch screen, workstation PLC and Personal Computer are connected to 8-port Ethernet switch through network cable. Each device must have a unique IP address, and all devices must have IP addresses on the same network segment. PLC program and MCGS configuration project are downloaded to SMART CPU or touch screen with specified IP address by network cable. When online running, the touch screen is connected to the main station PLC through Ethernet, and the main station and slave station exchange data and information through Ethernet.

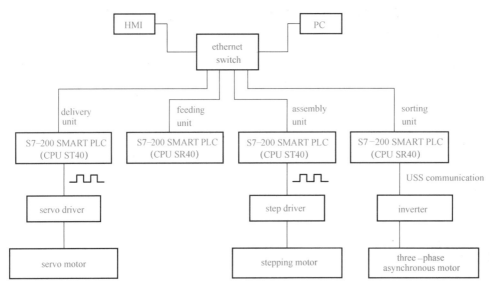

YL-335B Automatic Line System Based on Ethernet

专业术语：

（1）industrial ethernet：工业以太网

（2）IP address：IP 地址

（3）main station：主站

（4）slave station：从站

（5）ethernet switch：以太网交换机

（6）three-phase asynchronous motor：三相异步电动机

（7）network cable：网线

（8）MCGS configuration project：MCGS 组态工程（项目）

参 考 文 献

［1］ 吕景泉. 自动化生产线安装与调试［M］. 2 版. 北京：中国铁道出版社，2009.

［2］ 张同苏. 自动化生产线安装与调试（三菱 FX 系列）［M］. 2 版. 北京：中国铁道出版社，2017.

［3］ 廖常初. S7-200 SMART PLC 编程及应用［M］. 北京：机械工业出版社，2015.

［4］ 张同苏. 自动化生产线安装与调试实训和备赛指导［M］. 北京：高等教育出版社，2015.

［5］ SMC（中国）有限公司. 现代实用气动技术［M］. 3 版. 北京：机械工业出版社，2008.

［6］ 沈兵. 电气制图规则应用指南［M］. 北京：中国标准出版社，2009.

［7］ 郭汀. 电气制图用文字符号应用指南［M］. 北京：中国标准出版社，2009.

［8］ 西门子（中国）有限公司. 深入浅出西门子 S7-200 SMART PLC［M］. 北京：北京航空航天大学出版社，2015.